1	2	3	4	5	6	7	8	9	10
11	12	13	14	15	16	17	18	19	20
21	22	23	24	25	26	27	28	29	30
31	32	33	34	35	36	37	38	39	40
41	42	43	44	45	46	47	48	49	50
51	52	53	54	55	56	57	58	59	60
61	62	63	64	65	66	67	68	69	70
71	72	73	74	75	76	77	78	79	80
81	82	83	84	85	86	87	88	89	90
91	92	93	94	95	96	97	98	99	100

ICH RECHNE MIT!

Schulbuch Klasse 2

Klaus-Peter Käding, Friedhelm Käpnick
Dieter Schmidt, Hans-Günter Senftleben

Bilder von Sybille Storch, Susann Hesselbarth

Volk und Wissen Verlag

Inhalt

16 + 8 = 24

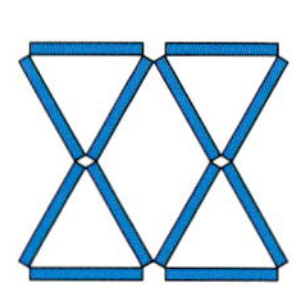

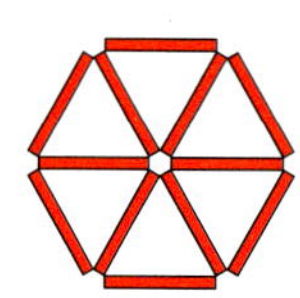

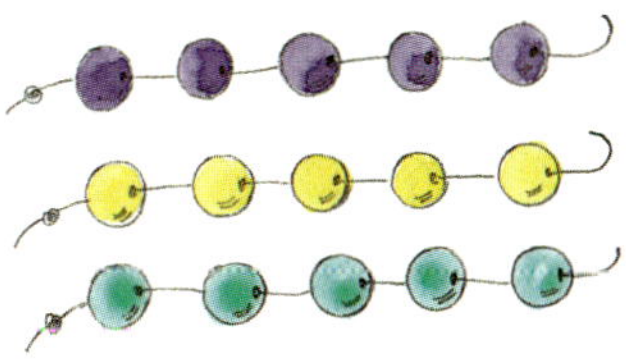

1 Orange gekennzeichnete Aufgaben sind schwieriger als die anderen Aufgaben.

1 Finde in deiner Umgebung weitere Zahlen!
Lege dir ein Zahlenbuch an!

Rechnen bis 10

1 Zähle und setze

a) immer 2 Schritte vorwärts,

b) immer 2 Schritte rückwärts,

c) immer 3 Schritte vorwärts,

d) immer 3 Schritte rückwärts!

2

a)	b)	c)	d)	e)
4 + 2	5 + 5	8 − 4	10 − 2	1 + 6
3 + 5	0 + 9	6 − 5	5 − 0	7 − 5
8 + 1	2 + 7	7 − 3	10 − 4	10 − 10
7 + 0	4 + 6	9 − 9	9 − 8	0 + 10

3

a)	b)	c)
1 + 6 = □	7 − 7 = □	1 + 3 + 4 = □
4 + □ = 9	8 − □ = 3	2 + 5 + 3 = □
□ + 7 = 8	□ − 5 = 5	9 − 2 − 6 = □

4

Zerlege! Suche viele Möglichkeiten!

9		5		7		10		8	
8	1								

5

Rechnen bis 20

1

a) 10 + 3
11 + 5
17 + 2
12 + 4

b) 4 + 10
6 + 12
3 + 15
7 + 11

c) 13 − 3
14 − 2
18 − 5
17 − 6

d) 15 − 5
16 − 4
19 − 8
20 − 10

2

a) $12 \xrightarrow{+7} \square$
$15 \xrightarrow{+4} \square$

b) $17 \xrightarrow{-4} \square$
$19 \xrightarrow{-5} \square$

c) $11 \xrightarrow{+6} \square$
$12 \xrightarrow{-0} \square$

d) $20 \xrightarrow{-3} \square$
$13 \xrightarrow{+6} \square$

3

a)

+	2	5	0	4
13				
14				

b)

−	3	1	7	0
19				
18				

c)

−	1	0	4	2
15				
20				

4

<, > oder = ?

a) 11 + 4 ○ 16
19 − 5 ○ 4

b) 10 ○ 18 − 6
19 ○ 11 + 9

c) 17 − 2 − 3 ○ 11
14 + 0 + 4 ○ 18

Erzähle Rechengeschichten und löse Aufgaben!

5

6

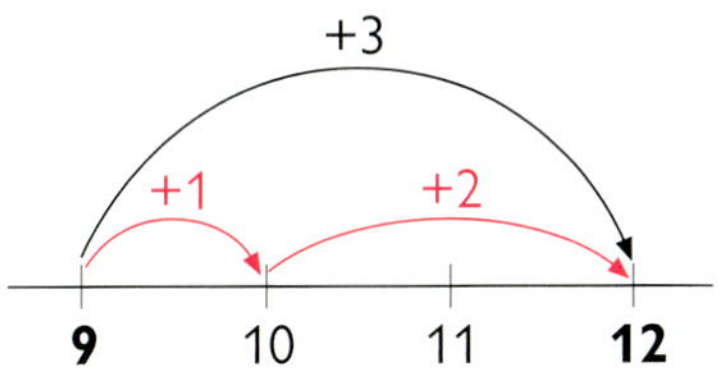

	9	+	3				
	9	+	1	=	1	0
1	0	+	2	=	1	2
	9	+	3	=	1	2

1 a) 8 + 4 b) 5 + 7 c) 9 + 8
7 + 7 3 + 8 3 + 8
6 + 5 6 + 9 7 + 6

2 a) 7 + 4 = ☐ b) 9 + 9 = ☐
5 + 9 = ☐ 8 + 6 = ☐
6 + 6 = ☐ 7 + 9 = ☐

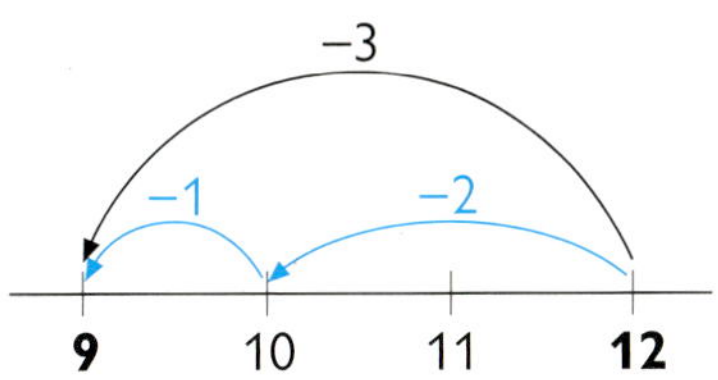

1	2	−	3			
1	2	−	2	=	1	0
1	0	−	1	=		9
1	2	−	3	=		9

3 a) 11 − 5 b) 16 − 8 c) 18 − 9
14 − 6 15 − 7 17 − 8
13 − 7 12 − 4 16 − 7

4 a) 12 − 5 = ☐ b) 11 − 6 = ☐
13 − 8 = ☐ 17 − 9 = ☐
16 − 9 = ☐ 14 − 8 = ☐

5 a) 9 + ☐ = 14
3 + ☐ = 11
b) 19 − ☐ = 10
13 − ☐ = 4

6 a) ☐ − 9 = 6
☐ − 1 = 10
b) ☐ − 10 = 8
☐ − 9 = 4

7 a)

+	6	4	0	1
8				
13				

b)

−	5	7	0	9
16				
11				

Tauschaufgaben, Umkehraufgaben und Zerlegungsaufgaben

1 Löse!
Bilde und löse auch
die Tauschaufgaben!

a) 4 + 7
3 + 9
6 + 13
5 + 14
2 + 18

b) 5 + 8
5 + 7
3 + 17
4 + 11
7 + 12

2 Löse!
Bilde und löse auch
die Umkehraufgaben!

a) 16 – 9
12 – 6
18 – 0
19 – 1
11 – 7

b) 14 – 8
15 – 8
20 – 9
17 – 3
13 – 7

3 Löse! Bilde zu jeder entstandenen Gleichung
3 weitere Gleichungen!

a) 6 + 7
b) 11 + 5
c) 8 + 9
d) 4 + 8
e) 7 + 9
f) 0 + 15

6 + 7 = 13
7 + 6 = 13
13 – 7 = 6
13 – 6 = 7

4 Toni klebt seine 20 schönsten Urlaubsbilder ins Fotoalbum.
8 Bilder hat er schon eingeklebt. Wie viele Bilder muss Toni noch einkleben?

5

11	
11	0
10	

14	

16	

20	

Addieren mit 3 Summanden

4 + 3 + 4 = 11

1 a) 5 + 5 + 5
2 + 1 + 8
3 + 6 + 2
4 + 5 + 6

b) 6 + 4 + 3
9 + 3 + 4
5 + 4 + 6
4 + 3 + 5

c) 7 + 2 + 4
2 + 5 + 7
6 + 1 + 5
7 + 0 + 6

d) Welche Aufgaben konntest du leicht lösen?

2 Immer das gleiche Ergebnis:

6 + 4 + 2 = 12

3

Addiere! Vergleiche die Summen!

4

Erzähle Rechengeschichten!

Die Zehnerzahlen bis 100

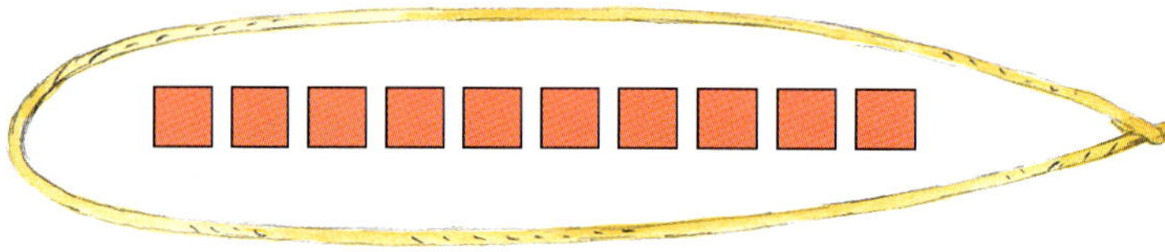

10

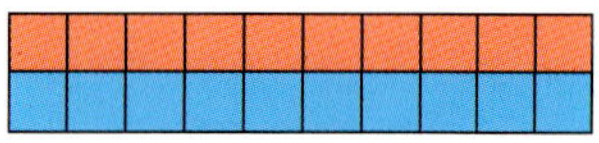

10 + 10 = 20

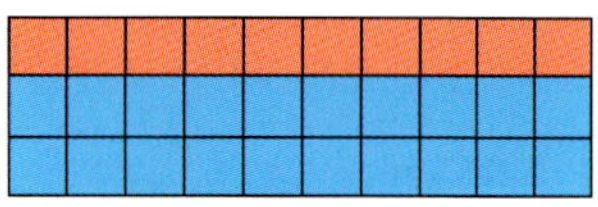

20 + 10 = 30

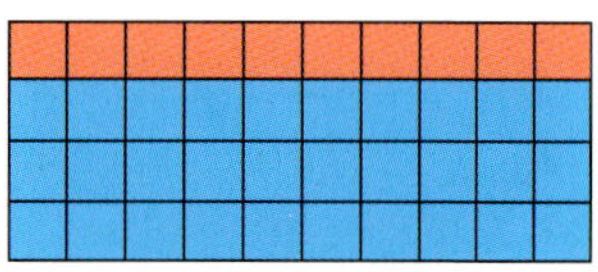

30 + 10 = 40

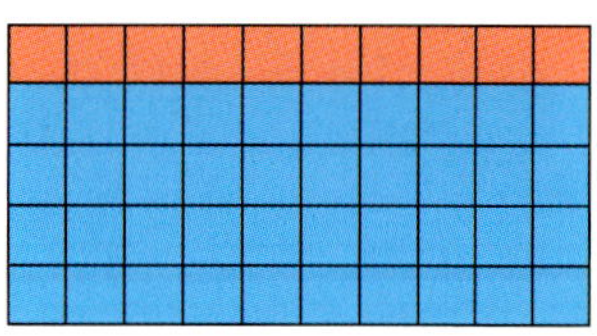

40 + 10 = 50

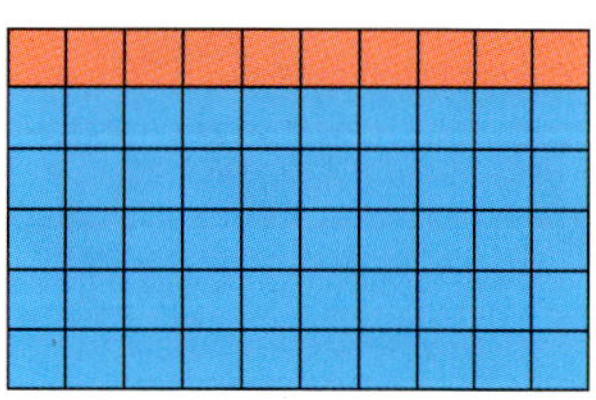

50 + 10 = 60

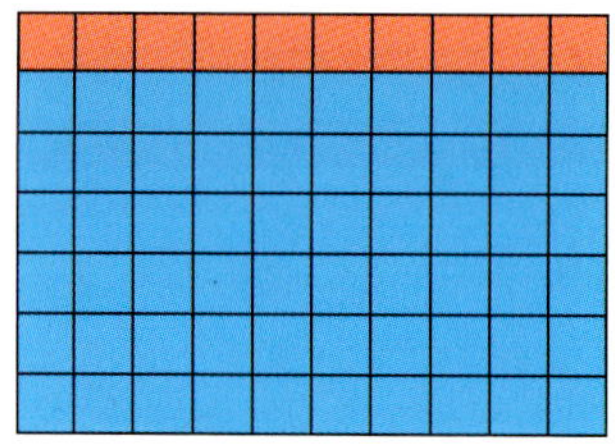

60 + 10 = 70

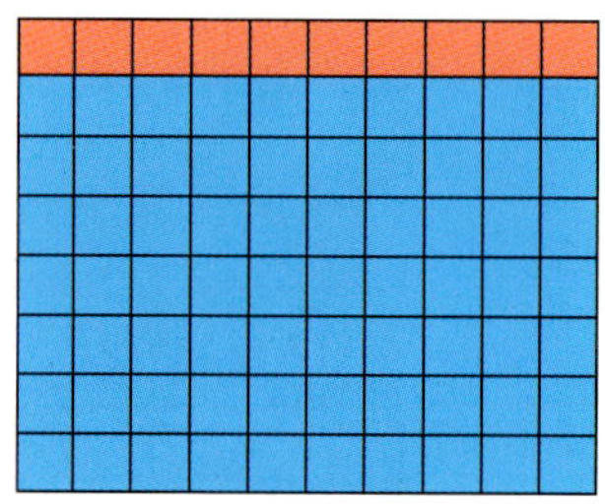

70 + 10 = 80

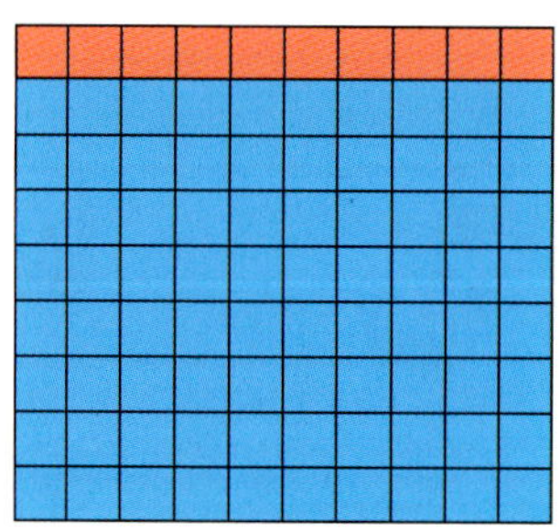

80 + 10 = 90

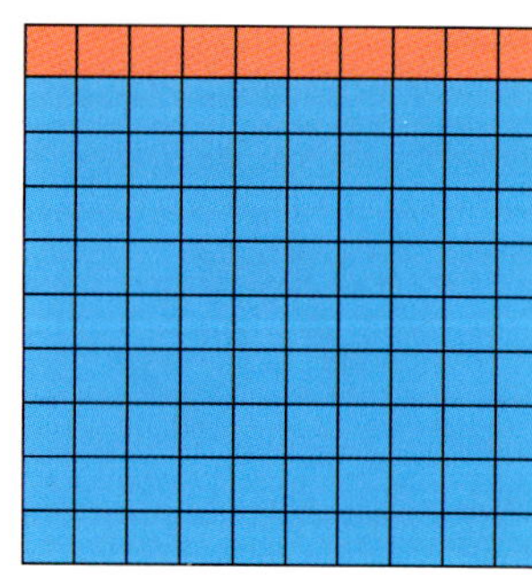

90 + 10 = 100

1

Wie viele Perlen haben Ina und Susi aufgefädelt?

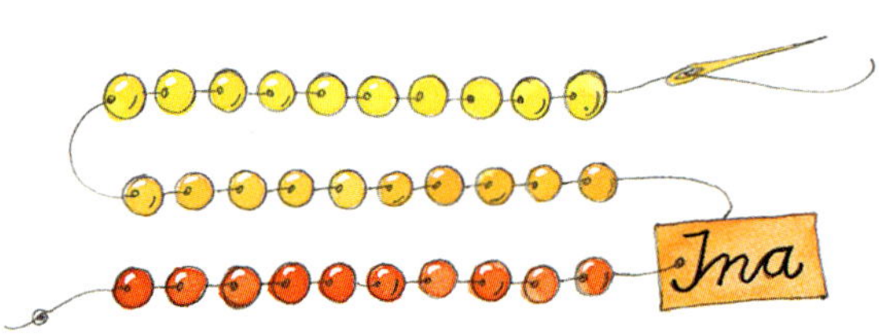

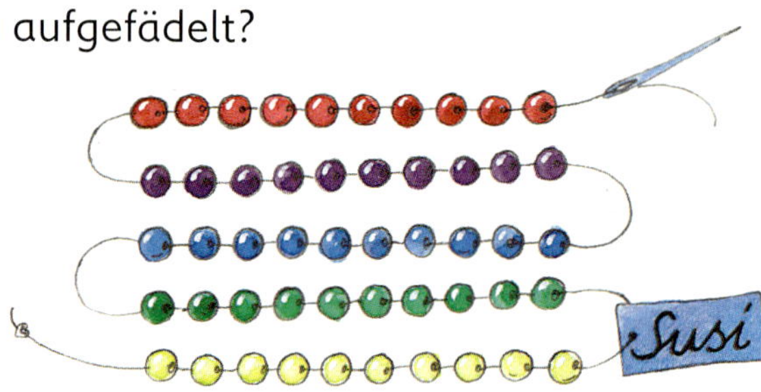

Rechnen mit Zehnerzahlen bis 100

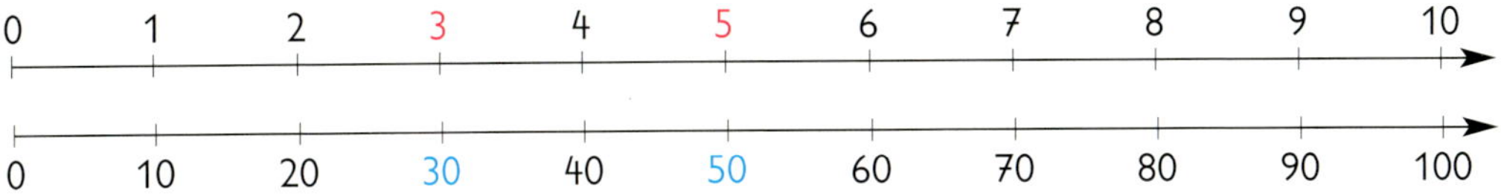

3 < 5
30 < 50

1 Vergleiche!

60 ● 70   90 ● 60
10 ● 40   50 ● 100
80 ● 20   70 ● 30

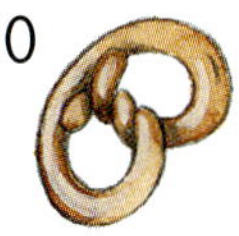

2 Ordne! Beginne mit der kleinsten Zahl!
90, 70, 20, 80, 50, 40, 60, 10

3 Ordne! Beginne mit der größten Zahl!
20, 100, 30, 50, 70, 10, 60, 90

4

Nenne alle Zehnerzahlen zwischen a) 50 und 100, b) 0 und 20, c) 30 und 40!

5 a)

2 + 1 = ▢
20 + 10 = ▢

6 + 1   4 + 4
60 + 10   40 + 40

b)

3 − 2 = ▢
30 − 20 = ▢

8 − 3   9 − 3
80 − 30   90 − 30

6

a)
20 + 20
30 + 10
50 + 40
10 + 70
100 + 0

b)
40 − 30
90 − 80
70 − 50
60 − 0
100 − 90

7

a) E —(+ 30)→ A

E	A
10	
	70
50	

b) E —(− 40)→ A

E	A
90	
	0
100	

8

Im Zoo
Der Eisbär Max ist 20 Jahre alt.
Der Elefant Jumbo ist 30 Jahre älter als Max.
Wie alt ist Jumbo?

Rechnen mit Zehnerzahlen bis 100

1 Bilde und löse auch die Tauschaufgaben! Vergleiche! Was stellst du fest?

a) 80 + 10
40 + 30

b) 40 + 60
20 + 70

c) 0 + 50
20 + 40

d) 50 + 50
70 + 30

2 Löse! Bilde und löse auch die Umkehraufgaben!

a) 80 − 20
90 − 60

b) 100 − 70
50 − 40

c) 60 − 60
80 − 40

d) 50 − 30
70 − 0

3
20 + 20 + 40 = ☐
20 + 50 + 10 = ☐
60 + 10 + 20 = ☐
40 + 0 + 50 = ☐

4 <, > oder =?

20 + 60 ○ 30 + 10
70 + 20 ○ 100 − 10
90 − 40 ○ 50 + 0
60 − 50 ○ 70 − 60

5 Lege und rechne!
Erzähle Rechengeschichten!

a) 30 ct + 20 ct
40 ct + 40 ct
50 ct + 30 ct

b) 50 ct − 40 ct
70 ct − 30 ct
100 ct − 90 ct

c) 80 ct − 10 ct − 10 ct
60 ct − 20 ct − 20 ct
70 ct − 40 ct − 30 ct

6 a) Klaus kauft ein Heft und einen Aufkleber.
Wie viel Geld muss er bezahlen?

b) Katrin kauft eine Packung Malstifte und einen Füller.
Wie viel Geld muss sie bezahlen?

Alle Zahlen bis 100

1 Welche Felder werden von den Tieren verdeckt?

2 Zähle vorwärts!

a) von 20 bis 30

b) von 34 bis 41

c) von 52 bis 67

3 Zähle rückwärts!

a) von 100 bis 90

b) von 88 bis 79

c) von 65 bis 56

4 Wie heißen jeweils Vorgänger und Nachfolger?
Zeige sie im Hunderterfeld!

— 10 —   — 27 —   — 41 —   — 69 —   — 80 —

Vergleichen und Ordnen der Zahlen bis 100

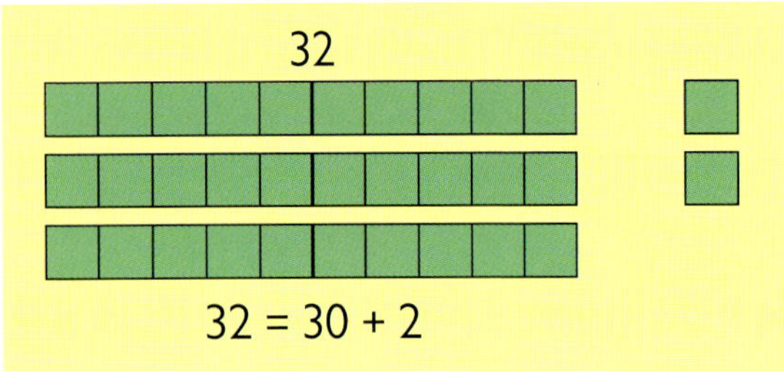

1 Lege mit Zehnerstreifen und Plättchen!

a) 24, 41, 58, 65, 70, 86, 97

b) 78, 15, 51, 33, 69, 94, 80

2

a)

	Z	E
26	2	6
34		
51		
40		
98		

	Z	E
43	4	3
	7	5
	9	0
	1	2
	8	8

3

Zeige am Zahlenstrahl!

a) 56, 23, 40, 77, 19, 31

b) 62, 83, 96, 74, 66, 49

7 > 5
27 > 25

4

Vergleiche!

a) 3 ○ 5
33 ○ 35

b) 8 ○ 7
48 ○ 47

c) 0 ○ 6
70 ○ 76

d) 1 ○ 4
81 ○ 84

5

Wer hat jeweils die meisten Karten?

Spiel	Tanja	Tom
1.	23	29
2.	30	22
3.	26	26
4.	18	34

Vergleichen und Ordnen der Zahlen bis 100

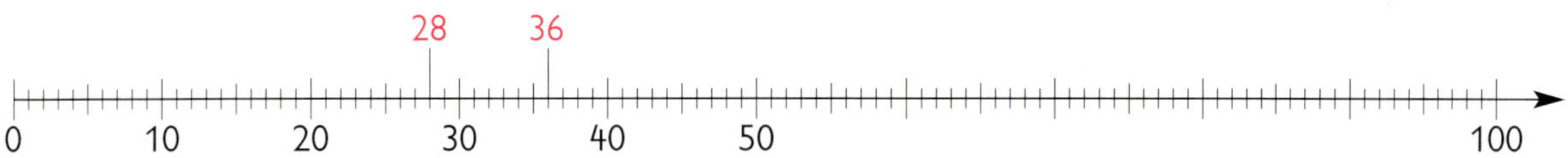

1

<, > oder =?

a) 46 ○ 76
51 ○ 21
63 ○ 84
21 ○ 58

b) 30 ○ 92
72 ○ 55
97 ○ 68
64 ○ 64

c) 14 ○ 47
96 ○ 69
17 ○ 30
100 ○ 75

2

Welche Zahlen sind verdeckt?

3

Nenne alle Zahlen zwischen

a) 15 und 22
32 und 37

b) 76 und 84
88 und 93

c) 69 und 78
95 und 100!

4

Ordne!
Beginne mit der kleinsten Zahl!

a) 33, 14, 67, 29, 54, 81

b) 66, 12, 44, 70, 91, 36

Ordne!
Beginne mit der größten Zahl!

a) 85, 50, 9, 74, 38, 66

b) 17, 94, 29, 68, 55, 48

5

Welche Oma ist die jüngste?

68 Jahre

49 Jahre

53 Jahre

Welcher Opa ist der älteste?

70 Jahre

61 Jahre

58 Jahre

Wiederholung und Kontrolle

1

a)	b)	c)	d)
4 + 3	13 + 6	6 − 2	19 − 5
8 + 6	1 + 19	9 − 7	14 − 8
0 + 7	11 + 7	10 − 4	12 − 9
9 + 4	9 + 8	8 − 0	11 − 6

6 7 6 5 4 3 8 14 14 20 19 7 2 18 17 13

2

a)	b)	c)
8 + 1 − 6	8 − 6 + 11	15 − 8 + 3
7 − 3 + 8	2 + 9 − 10	11 + 6 − 12
16 + 4 − 7	13 − 0 + 7	12 − 7 + 15

1 5 13 3 20 12 13 10 20

3 Welche Zahlen sind es?

a)

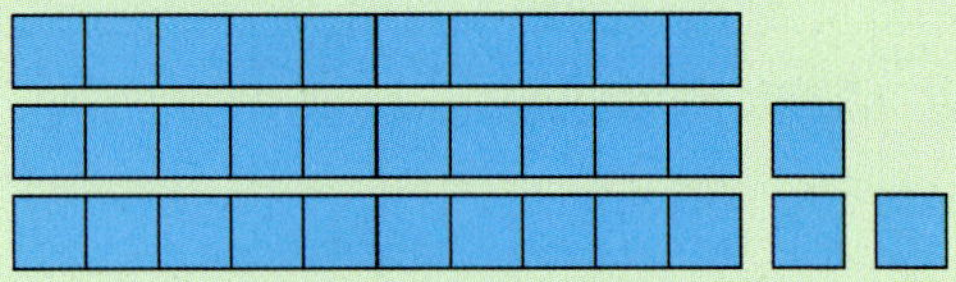

b)

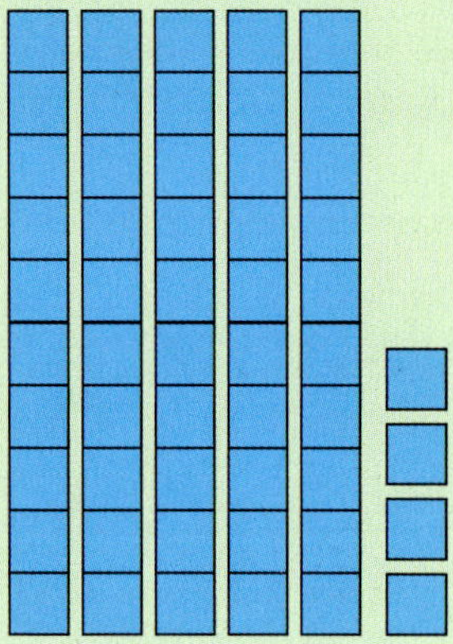

c)

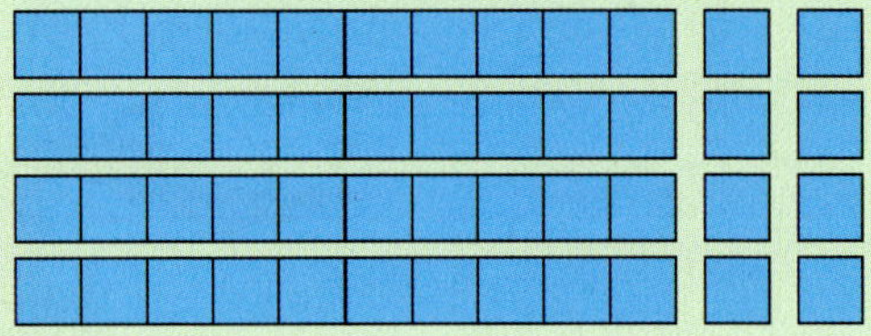

4

5

Vorgänger	Zahl	Nachfolger
	27	
35		
		68
	80	
49		

6 Welche Zahlen liegen

a) zwischen 18 und 23,

b) zwischen 71 und 78,

c) zwischen 89 und 94?

7 < oder > ?

a)	b)	c)	d)
45 ◯ 49	53 ◯ 18	42 ◯ 72	23 ◯ 32
64 ◯ 60	80 ◯ 25	59 ◯ 29	41 ◯ 14
28 ◯ 27	37 ◯ 61	33 ◯ 93	85 ◯ 58
91 ◯ 95	16 ◯ 42	77 ◯ 57	89 ◯ 98

8 Ordne!

a) 44 € 16 € 50 € 72 € 22 € 8 €

b) 84 € 67 € 31 € 36 € 17 € 87 €

9 a)

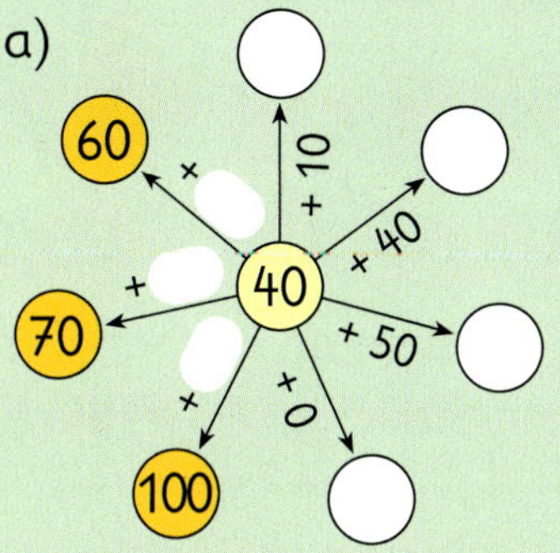

b)

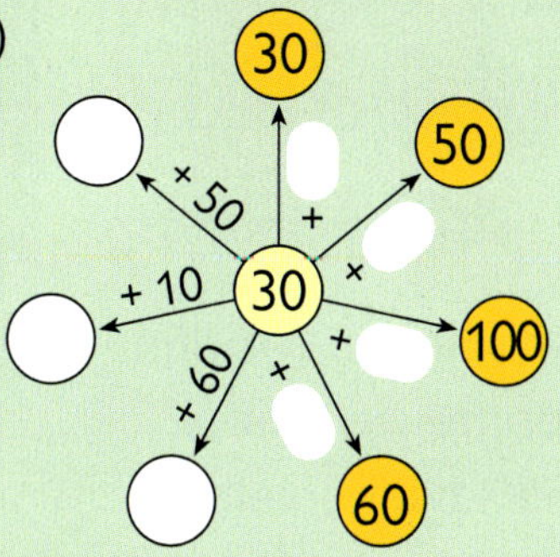

0 20 30 80 40 50 70 80 20 90 90 60 40 30

10 <, > oder = ?

a)	b)	c)
80 + 10 ◯ 90	60 ◯ 90 – 30	70 – 30 + 40 ◯ 80
70 – 0 ◯ 60	70 ◯ 20 + 60	20 + 60 – 70 ◯ 20
50 + 50 ◯ 100	40 ◯ 80 – 50	50 – 10 + 0 ◯ 50
20 – 20 ◯ 60	90 ◯ 50 + 40	30 + 30 – 40 ◯ 10

11 a)

	☐	
☐		☐
10	30	20

b)

	☐	
80		20
☐	10	☐

c)

	90	
☐		☐
☐	☐	☐

12 a) Paul hat 13 Bilder.
Tim gibt ihm noch 5 dazu.
Wie viele Bilder
hat Paul nun?

*b) Anna und Linda haben
zusammen 20 Stifte.
Anna hat 2 mehr als Linda.
Wie viele Stifte hat jede?

13 a) Übertrage die Punkte 1 bis 8 in dein Heft.

b) Verbinde die Punkte in dieser Reihenfolge durch Strecken: 1, 3, 5, 7, 1 und 2, 4, 6, 8, 2!

c) Male die entstandenen Dreiecke aus!

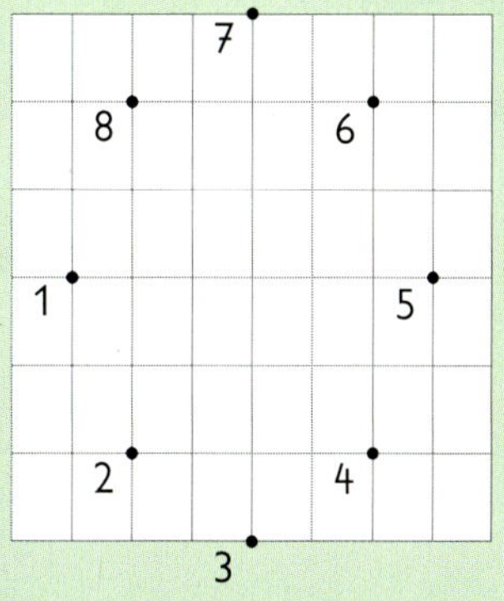

1 Sara lernt Klavier spielen. Vor den Sommerferien konnte sie schon 8 Lieder auf dem Klavier spielen. Inzwischen hat sie 3 neue Lieder eingeübt. Wie viele Lieder kann sie nun auf dem Klavier spielen?

2 Tom ordnet seine Bücher. Er hat 5 Märchenbücher, 4 Tierbücher und 9 andere Kinderbücher. Wie viele Bücher hat Tom insgesamt?

3 Lisa malt gern. In einer Mappe hat sie 17 ihrer schönsten Bilder aufbewahrt. Heute hat sie 3 Bilder hinzugelegt. Wie viele Bilder liegen nun in ihrer Mappe?

4 Wie viele Nägel wurden schon entnommen?

5 Frau Hein kauft eine Bluse zu 38 €. Herr Schulz hat ein Hemd ausgewählt, das 29 € kostet.

a) Wer muss mehr bezahlen?

b) Mit welchen Scheinen und Münzen können Frau Hein und Herr Schulz die Geldbeträge bezahlen?

20 + 4 = 24

1

a)	b)	c)	d)	e)
50 + 4	30 + 8	70 + 6	20 + 7	90 + 2
40 + 4	80 + 8	40 + 3	80 + 3	60 + 9
30 + 4	60 + 8	90 + 0	50 + 1	40 + 5
70 + 4	90 + 8	10 + 9	60 + 5	30 + 7

2

a)	b)	c)	d)
☐ + 3 = 13	☐ + 7 = 47	30 + 9 = ☐	☐ + 6 = 56
☐ + 3 = 83	☐ + 7 = 27	☐ + 9 = 89	40 + ☐ = 46
☐ + 3 = 63	☐ + 7 = 77	50 + 9 = ☐	90 + ☐ = 96
☐ + 3 = 93	☐ + 7 = 57	☐ + 9 = 79	☐ + 6 = 36

3

Bilde selbst Aufgaben und löse sie!
Rechne so:

40 + 2 = 42

Addieren einstelliger Zahlen zu zweistelligen Zahlen

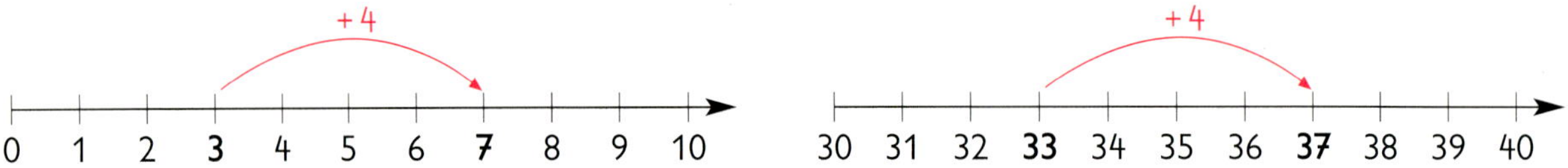

3 + 4 = 7

33 + 4 = 37

1

a) 23 + 4, 67 + 2, 14 + 5

b) 75 + 3, 31 + 7, 99 + 0

c) 52 + 6, 41 + 8, 64 + 4

d) 97 + 1, 62 + 5, 77 + 2

e) 22 + 5, 86 + 2, 33 + 6

2 Rechne vorteilhaft!

a) 2 + 56, 9 + 50, 3 + 76

b) 7 + 42, 6 + 12, 5 + 91

c) 4 + 85, 3 + 44, 7 + 61

d) 1 + 78, 3 + 24, 4 + 53

e) 8 + 31, 0 + 94, 2 + 47

3 Welche Schilder gehören zusammen?

4

a) E —(+ 8)→ A

E	A
21	
50	
	69

b) E —(+ 4)→ A

E	A
14	
85	
	19

5

a) 12 + ☐ = 18
33 + ☐ = 37
48 + ☐ = 49
65 + ☐ = 68
84 + ☐ = 88

b) 24 + ☐ = 29
41 + ☐ = 48
93 + ☐ = 98
37 + ☐ = 39
72 + ☐ = 76

Subtrahieren einstelliger Zahlen von zweistelligen Zahlen

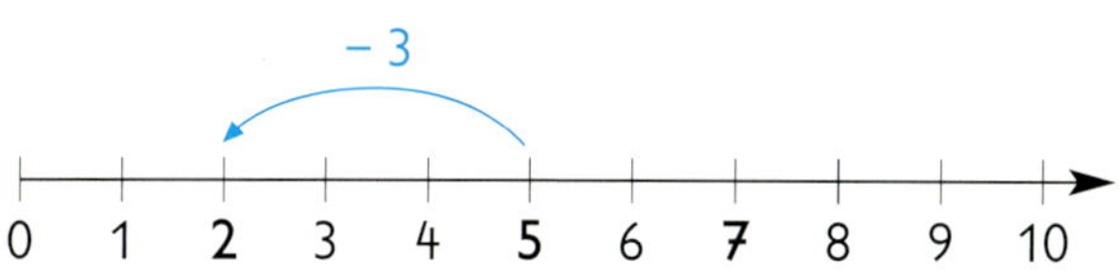

5 – 3 = 2

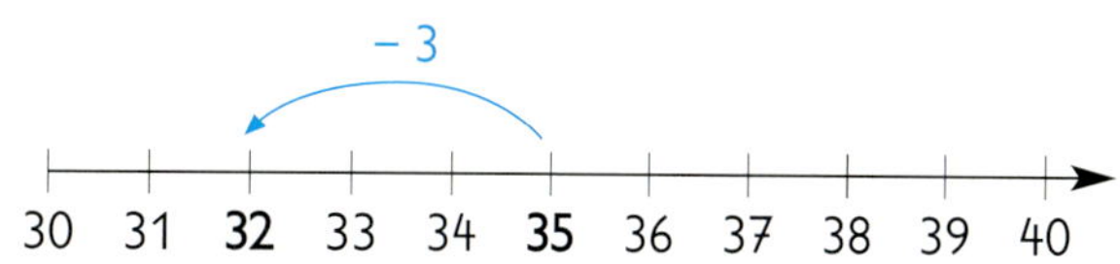

35 – 3 = 32

1

a)	b)	c)	d)	e)
63 – 1	85 – 3	76 – 5	28 – 6	66 – 5
24 – 2	16 – 6	57 – 2	54 – 1	49 – 7
39 – 6	38 – 7	34 – 0	96 – 3	75 – 4
87 – 4	99 – 4	48 – 3	79 – 8	86 – 2

2

Bilde Minus-Aufgaben und löse sie! Begründe mit einer Plus-Aufgabe!
Schreibe so: 29 – 2 = 27, denn 27 + 2 = 29

3

a)	b)	c)	*d)
65 – ☐ = 63	56 – ☐ = 52	79 – ☐ = 73	☐ – 6 = 13
19 – ☐ = 12	73 – ☐ = 70	83 – ☐ = 81	☐ – 3 = 91
58 – ☐ = 50	48 – ☐ = 41	44 – ☐ = 41	☐ – 2 = 32
87 – ☐ = 84	95 – ☐ = 93	27 – ☐ = 20	☐ – 7 = 82
66 – ☐ = 61	69 – ☐ = 66	37 – ☐ = 34	☐ – 1 = 48

4

In Anjas Klasse gehen 26 Kinder. Heute fehlen 4 Kinder wegen Krankheit.
Wie viele Kinder zählt die Lehrerin?

Lösen von Sachaufgaben

21 Kinder sitzen im Kino. Aus der Klasse 2a kommen noch 5 Kinder hinzu.
Wie viele Kinder sind es jetzt?

1. *Was suchen wir?*

2. *Was wissen wir schon?*

3. *Wie können wir rechnen?*

4. *Wie können wir antworten?*

1 Nils beobachtet den Parkplatz vor seinem Fenster. Am Morgen waren alle 28 Parkplätze besetzt. Später sind 7 Autos weggefahren. Wie viele Autos befinden sich nun auf dem Parkplatz?

2 Für Saras Geburtstag hat Mutti 38 Pfannkuchen gebacken. Sara bestreut die Pfannkuchen mit Zucker. 6 sind schon fertig. Wie viele Pfannkuchen muss Sara noch zuckern?

3 Marias Vater ist 35 Jahre alt. Ihre Mutter ist 3 Jahre jünger. Wie alt ist Marias Mutter?

4 Max sammelt Aufkleber. Er hat schon 52. Opa gibt ihm noch 6 dazu. Wie viele Aufkleber hat Max jetzt?

Addieren und Subtrahieren

1

a) 50 → +6 → 56; 56 → −6 → 50

b) 35 → +4 → ; → 35

c) 90 → +7 → ; → 90

d) → 37; 37 → −6 →

2

a) 41 → 49; 49 → 41

b) 60 → +6 → ; → 60

c) 26 → ; → −3 → 26

d) → +2 → ; → −2 →

3

Der Vater kauft 28 Mandarinen.
6 Mandarinen braucht er für die Torte.
Wie viele Mandarinen
bleiben übrig?

4 Tim findet im Garten an einer Kartoffelpflanze 22 Kartoffeln. Die nächste Pflanze hat 3 Kartoffeln mehr. Wie viele Kartoffeln hat sie?

5 Moritz sammelt Kastanien zum Basteln. Auf dem Weg nach Hause findet er zu seinen 43 Kastanien noch 6 dazu. Bilde eine Frage und beantworte sie!

6 Vergleiche! Setze das richtige Zeichen ein!

a)			b)			c)			d)		
6 + 10		15	89 − 5		80	32 + 7		39	68 − 6		61
20 + 3		25	67 − 4		64	75 − 5		65	37 + 2		49
40 + 4		44	42 + 5		50	66 − 3		65	55 + 4		59
70 + 2		76	81 + 3		84	41 + 8		49	79 − 6		73

7

a)			b)			c)		
25 + 3		24 + 4	34 − 3		39 − 7	9 + 80		5 + 82
37 − 5		0 + 35	12 + 6		6 + 11	55 + 4		59 − 0
49 − 7		48 − 8	4 + 65		68 − 1	18 − 7		17 − 7
94 + 5		5 + 94	53 + 5		55 + 3	64 + 4		69 − 1

Ergänzen bis zum nächsten Zehner

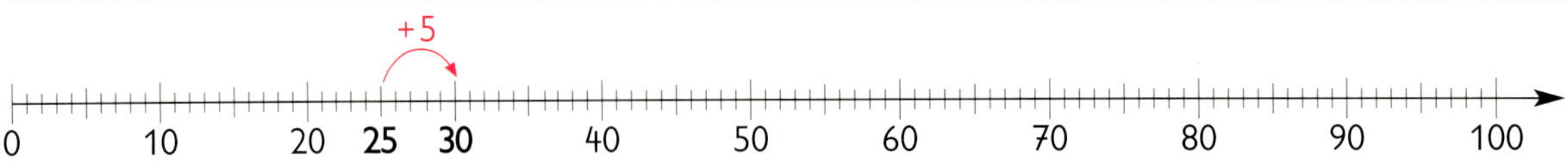

1 a) 33 + ☐ = 40
41 + ☐ = 50
65 + ☐ = 70
24 + ☐ = 30

b) 49 + ☐ = 50
53 + ☐ = 60
92 + ☐ = 100
17 + ☐ = 20

c) 75 + ☐ = 80
28 + ☐ = 30
84 + ☐ = 90
70 + ☐ = 70

2 a) 67 + ☐ = 70
85 + ☐ = 90
11 + ☐ = 20
22 + ☐ = 30

b) 36 + ☐ = 40
71 + ☐ = 80
63 + ☐ = 70
27 + ☐ = 30

c) 54 + ☐ = 60
45 + ☐ = 50
99 + ☐ = 100
72 + ☐ = 80

3 a)

40	
35	5
32	8

b)

90	
83	
86	

c)

30	
21	
25	

d)

80	
74	
73	

e)

70	
62	
	9

f) Denke dir weitere Zahlenhäuschen für 20, 50, 60 und 100 aus!

4

Finde selbst eine Frage und beantworte sie!

a) In einer Straßenbahn gibt es 50 Sitzplätze. 41 Plätze sind schon besetzt.

b) Karin baut ein Haus aus Bausteinen. Sie braucht dafür 50 Steine. 42 Steine hat sie bereits verbaut.

c) Bob will sich einen Baukasten für 40 € kaufen. Er hat schon 36 € gespart.

Subtrahieren einstelliger Zahlen von Zehnerzahlen

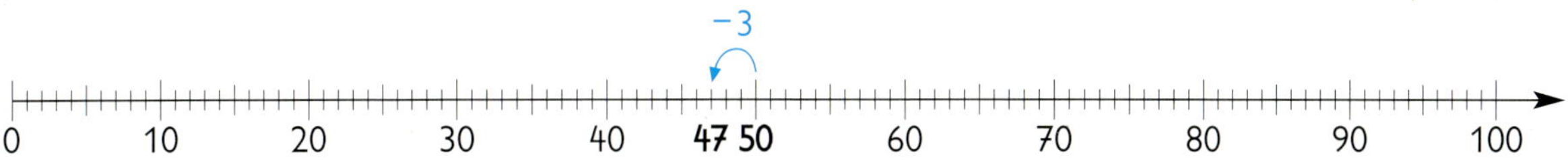

1

a) 40 – 3
70 – 3
20 – 3
90 – 3

b) 30 – 8
60 – 3
80 – 7
50 – 9

c) 50 – 5
90 – 1
40 – 8
70 – 2

d) 20 – 6
80 – 8
60 – 0
30 – 9

e) 70 – 5
30 – 6
50 – 1
40 – 4

2

3

a) $E \xrightarrow{-5} A$

E	A
70	
60	
20	

b) $E \xrightarrow{-7} A$

E	A
30	
40	
70	

c) $E \xrightarrow{-6} A$

E	A
70	
50	
10	

d) $E \xrightarrow{-9} A$

E	A
90	
80	
40	

4 In die Klasse 2c gehen 20 Kinder. Davon benutzen 9 Kinder den Schulbus.

5 Hanne betrachtet ihre 40 Ansichtskarten. Sie stellt fest, dass 6 Karten aus ihrem Heimatort sind.

Addieren und Subtrahieren

1

a)	b)	c)	d)	e)
80 – 9	92 + 7	60 – 4	64 + 6	33 + 7
30 – 9	22 + 7	90 – 9	66 + 4	40 – 3
70 – 9	47 + 2	20 – 2	71 + 9	90 – 0
50 – 9	67 + 2	50 – 4	79 + 1	56 + 3

2

a) 24 —(+6)→ ☐ ; ☐ → 24

b) 66 → ☐ ; ☐ —(– 4)→ 66

c) ☐ —(+7)→ 90 ; 90 → ☐

3

a) 53 —(+5)→ ☐ ; ☐ → 53

b) 34 → ☐ ; ☐ —(– 3)→ 34

c) ☐ —(+4)→ 60 ; 60 → ☐

4

Löse! Prüfe mit der Umkehraufgabe!

39 – 4 = 35
35 + 4 = 39

a)	b)	c)	d)
39 – 4	90 – 7	30 – 4	28 – 5
70 – 6	38 – 2	47 – 6	40 – 9
56 – 3	50 – 5	80 – 8	99 – 6

5

a)

+	4	7	3	5	2	6
22						
83						
71						

b)

–	3	6	2	4	7	5
29						
88						
77						

6

a)	b)	c)	d)
51 + 2 + 4	93 + 4 + 3	80 – 5 – 2	36 – 2 – 4
48 – 2 – 3	44 + 3 + 3	62 + 4 + 4	70 – 6 – 3
50 – 4 – 3	79 – 5 – 3	32 + 6 + 1	41 + 5 + 4

7 Finde möglichst viele Lösungen!

a)	b)	c)	*d)
27 + ☐ < 30	60 – ☐ > 57	87 + ☐ < 90	38 + ☐ < 40
44 + ☐ < 50	80 – ☐ > 75	39 + ☐ < 40	96 + ☐ > 96
53 + ☐ < 60	40 – ☐ > 33	65 + ☐ < 70	94 + ☐ < 100

8

a)	b)	c)	*d)
26 < 30 – ☐	40 > 37 + ☐	45 < 55 – ☐	77 < 80 – ☐
34 < 40 – ☐	60 > 55 + ☐	69 < 70 – ☐	30 > 28 + ☐
98 < 100 – ☐	20 > 14 + ☐	53 < 60 – ☐	18 < 20 – ☐

Sachaufgaben, Rechengeschichten, Zahlenrätsel

1. Darko hat 82 Tierbriefmarken. Seine Oma schenkt ihm noch 4 Tierbriefmarken dazu.

2. Lars wirft den Ball 30 Meter weit. Tim wirft 6 Meter kürzer. Wie weit hat Tim geworfen?

3. Laura hat ein Aquarium mit 21 Fischen. Zum Geburtstag bekommt sie noch 7 Fische hinzu.

4. Ein Aussichtsturm hat 80 Stufen. Kai hat schon 70 Stufen geschafft. Ina ist 7 Stufen unter ihm.

5. Erzähle eine Rechengeschichte!

6. Erzähle eine Rechengeschichte!

7. An welche Zahlen denken die Kinder?

Addieren einstelliger Zahlen zu zweistelligen Zahlen

25 + 8

Mark rechnet so:

25 + 5 = 30
30 + 3 = 33
25 + 8 = 33

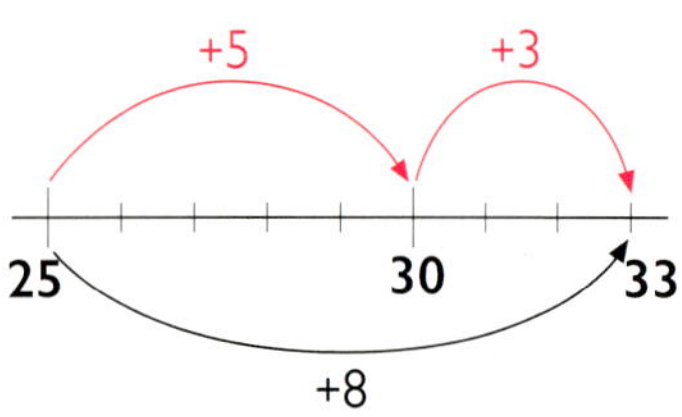

Paula rechnet so:

5 + 8 = 13
25 + 8 = 33

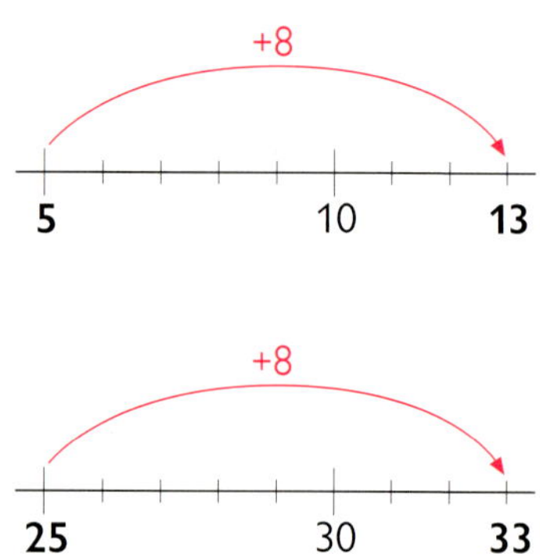

1

a) 17 + 5	b) 26 + 9	c) 77 + 4	d) 62 + 9	e) 28 + 7
48 + 6	38 + 4	59 + 8	86 + 5	79 + 3
37 + 8	45 + 6	74 + 9	37 + 6	44 + 8
29 + 9	68 + 5	23 + 8	49 + 5	56 + 6

2

a) 18 + 6	b) 28 + 9	c) 46 + 7	d) 66 + 9	e) 88 + 3
38 + 9	35 + 7	47 + 6	34 + 8	46 + 5
27 + 7	54 + 8	75 + 9	44 + 7	85 + 7
76+ 5	63 + 8	79 + 5	53 + 8	34 + 9

Subtrahieren einstelliger Zahlen von zweistelligen Zahlen

Lisa rechnet so:

32 – 2 = 30
30 – 5 = 25

32 – 7 = 25

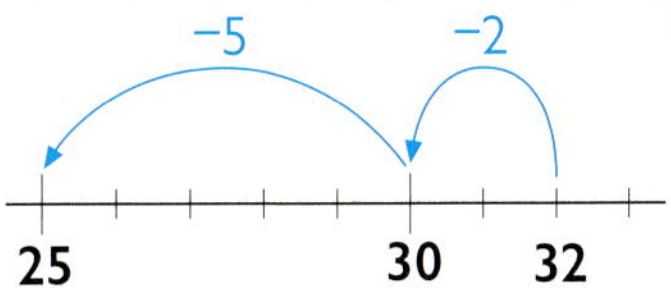

Sascha rechnet so:

12 – 7 = 5
32 – 7 = 25

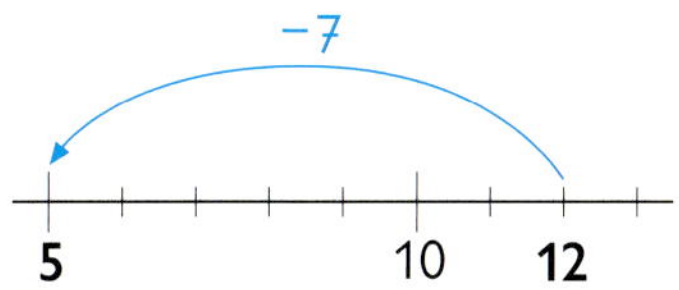

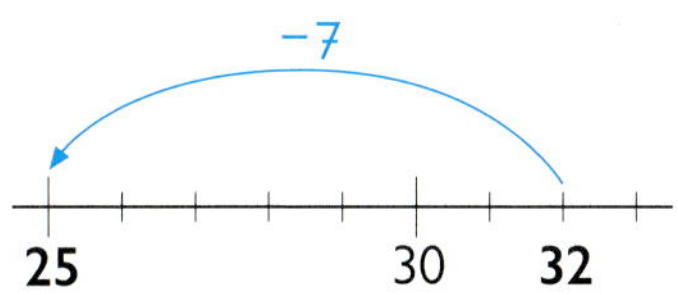

1

a)	b)	c)	d)	e)
25 – 8	32 – 6	86 – 9	26 – 7	93 – 5
34 – 5	24 – 7	73 – 4	62 – 8	84 – 9
43 – 9	44 – 8	67 – 8	91 – 3	75 – 7
62 – 6	51 – 5	42 – 5	44 – 7	33 – 6

2

a)	b)	c)	d)	e)
53 – 6	36 – 7	28 – 9	72 – 4	81 – 2
65 – 8	74 – 8	53 – 5	47 – 8	62 – 5
41 – 4	85 – 6	72 – 7	63 – 6	48 – 9
92 – 5	54 – 9	81 – 6	56 – 9	64 – 8

3

38 —(– 9)→ ◯ —(– 6)→ ◯ —(– 8)→ ◯ —(– 3)→ ◯ —(– 7)→ ◯ —(– 5)→ 0

Addieren und Subtrahieren

1 Schreibe Gleichungen auf!

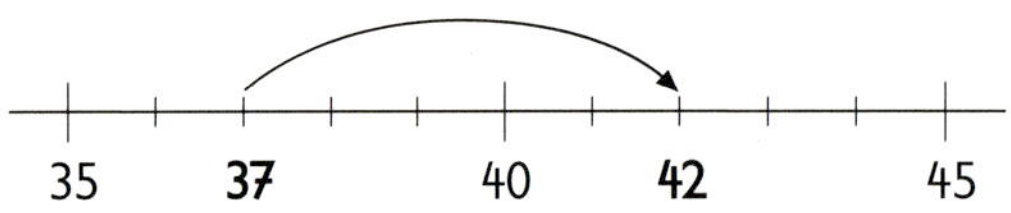

37 + 5 = 42

a)
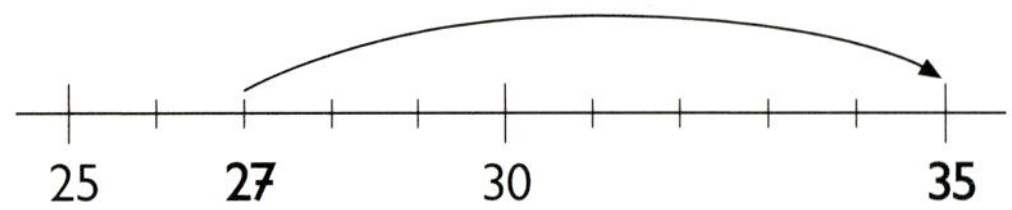

b)
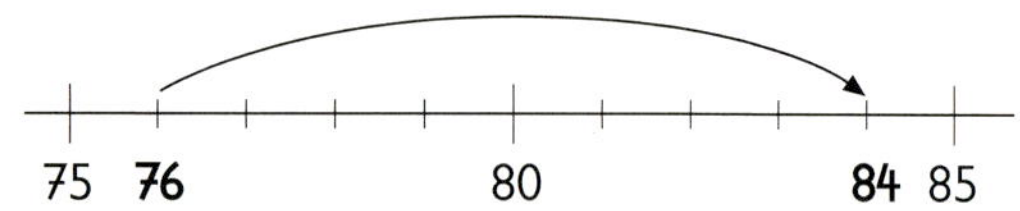

c)
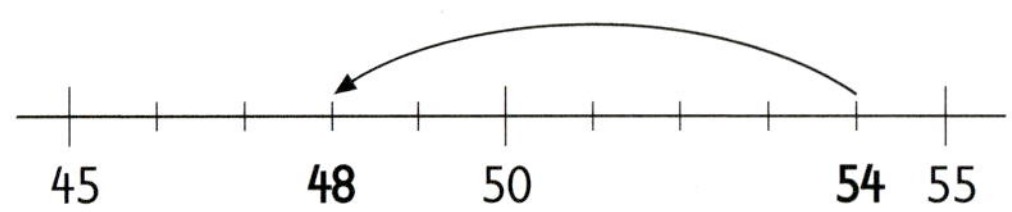

d)
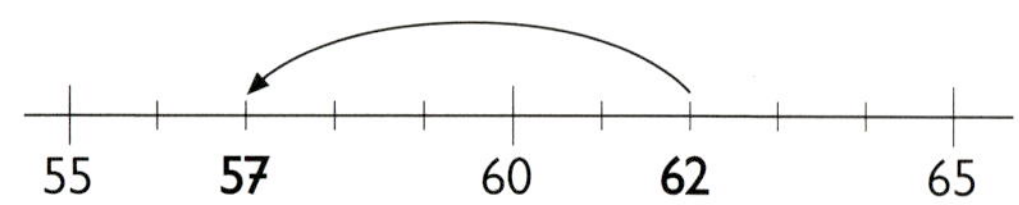

2

Dana hat beim Schnellrechnen 21 Aufgaben gelöst. Bei 4 Aufgaben hat sie sich verrechnet. Wie viele Aufgaben hat sie richtig?

3

Tarek fährt mit dem Schulbus. Er zählt im Bus 33 Kinder. Später sind noch Kinder zugestiegen. Jetzt zählt er 40 Kinder.

4

a)	b)	c)	d)
19 + 7 = __	31 − 4 = __	88 + 4 = __	13 − 8 = __
21 − 5 = __	75 + 8 = __	66 − 6 = __	46 + 7 = __
35 + 6 = __	42 − 9 = __	69 + 3 = __	44 − 7 = __

5

a)	b)	c)	d)
78 + __ = 83	33 − __ = 27	81 − __ = 77	41 − __ = 36
22 − __ = 18	47 + __ = 55	67 + __ = 71	89 + __ = 92
29 + __ = 35	72 − __ = 69	35 + __ = 42	52 − __ = 45

6

Wer gewinnt die Rechenstaffel?

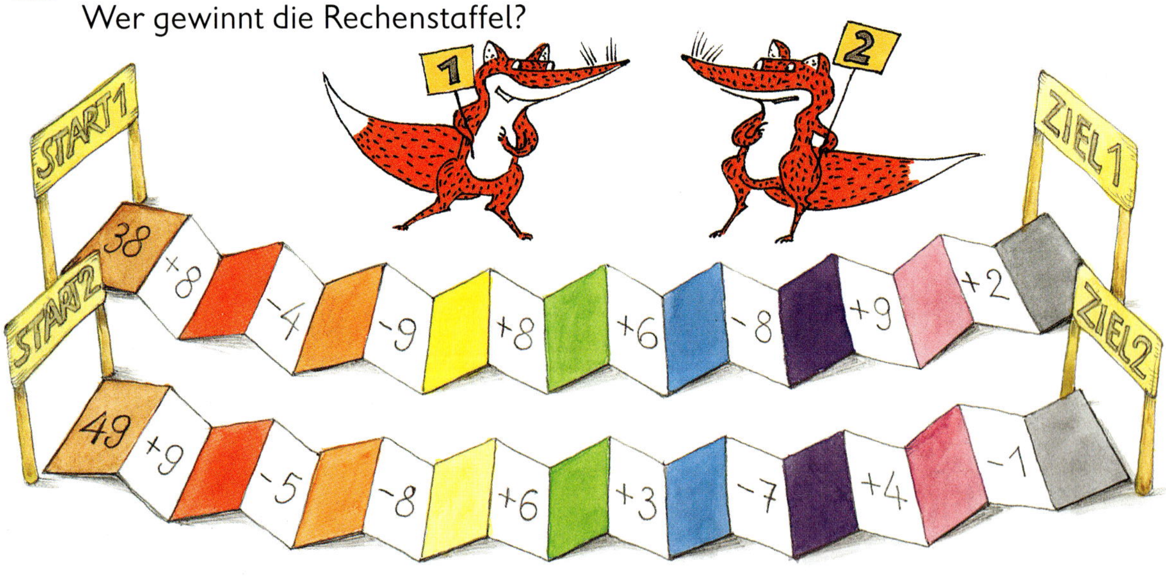

Sachaufgaben und Rechengeschichten

1 a) In den Klassen 2a und 2b sind insgesamt 50 Kinder.
Zum Zoobesuch kommen 46 Kinder mit.
Wie viele Kinder sind nicht dabei?

b) Die Kinder schauen sich die Tiere im Wildgehege an. Sie zählen 23 Rehe und 8 Hirsche. Wie viele Tiere sind das insgesamt?

c) Der Zoo hat 34 Raubtiere. Davon sind 8 im Freigehege zu sehen. Die anderen Raubtiere sind im Raubtierhaus. Wie viele Tiere sind dort?

d) An die beiden Robben wurden 23 Fische verfüttert. Die große Robbe fraß davon nur 9. Die anderen Fische holte sich die kleine flinke Robbe. Wie viele waren das?

*e) Kai stellt fest: „11 Flamingos stehen auf 15 Beinen." Kann das sein?

2 Bilde selbst Rechengeschichten für

a) 19 + 8 b) 26 – 9 c) 44 + 7

d) 34 – 6 *e) 37 + 4 + 5 *f) 52 – 5 – 3

Rechnen mit Geld

1 Überprüfe, ob richtig gewechselt wurde!

2 Julias Mutter tankt für 50 €.
Sie bezahlt mit 5 Geldscheinen.
Welche Scheine könnten das sein?

3 Lege mit Rechengeld!
29 ct, 58 ct, 87 ct, 44 €,
62 €, 96 €, 12 €, 99 ct

4

Lege und rechne!

a) 24 € + 5 €	b) 38 € − 8 €	c) 86 € + 4 €	d) 19 € + 3 € + 5 €
18 € + 8 €	53 € − 4 €	49 € − 6 €	59 € − 5 € − 4 €
62 € + 9 €	75 € − 7 €	17 € + 9 €	63 € − 8 € − 4 €
46 € + 7 €	50 € − 9 €	74 € − 7 €	81 € − 6 € − 6 €

5

Reicht das Geld für einen Fahrschein zu einem Euro?

Jonas hat:

Sarah hat:

Kim hat:

6

Kann man beim Wechseln eines Ein-Euro-Stückes 7 Münzen erhalten?
Lege mit Rechengeld nach!
Suche weitere Möglichkeiten, ein Ein-Euro-Stück zu wechseln!

Rechnen mit Geld

1 Marinas Fahrkarte kostet 8 €. Sie schiebt einen 20-Euro-Schein in den Automaten. a) Welchen Betrag muss sie zurückbekommen?
b) Welche Münzen könnten es sein?

2 Inas Mutter kauft eine Fahrkarte zu 41 €. Sie bezahlt mit einem 50-Euro-Schein.

3 Pauls Fahrkarte kostet 27 €. Er sucht in seiner Geldbörse nach einem 30-Euro-Schein. Kannst du ihm helfen?

4 Überprüfe die Rechnungen!

Ich bezahle mit:			
Ich erhalte zurück:	4 €	4 €	6 €
Auf der Fahrkarte steht als Preis:	36 €	81 €	22 €

5 

Stefans großer Bruder Kai fährt am Wochenende in ein Naturschutzgebiet.

a) Kai kauft eine Fahrkarte für 28 Euro und eine Fahrradkarte für 8 Euro. Wie viel muss er bezahlen?

*b) Kai bezahlt mit einem 50-Euro-Schein. Wie viel Geld muss er zurück bekommen?

Zentimeter

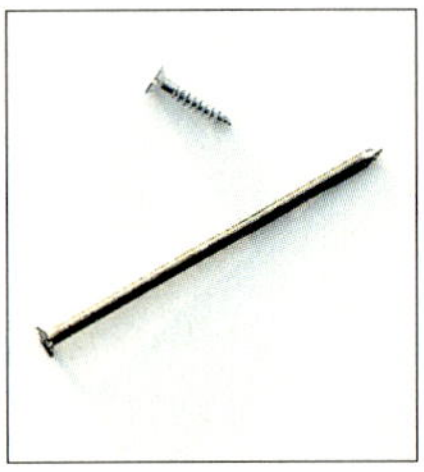

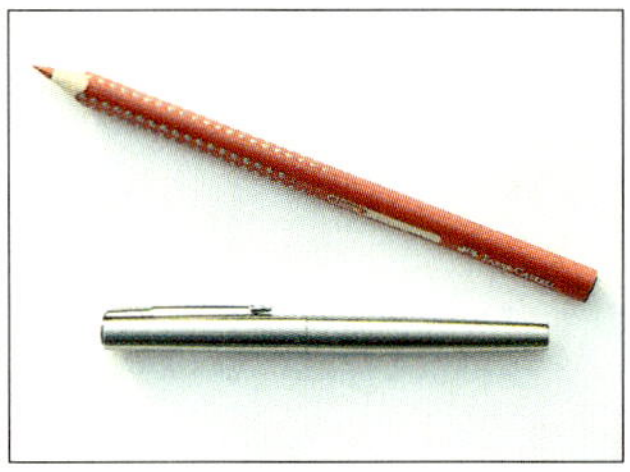

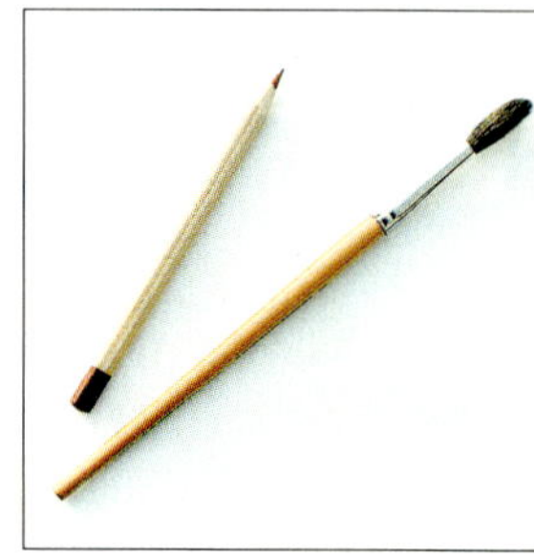

1 a) Welcher Gegenstand ist länger als der andere?

b) Nenne weitere solche Beispiele!

2 a) Miss die Längen der Bausteine!

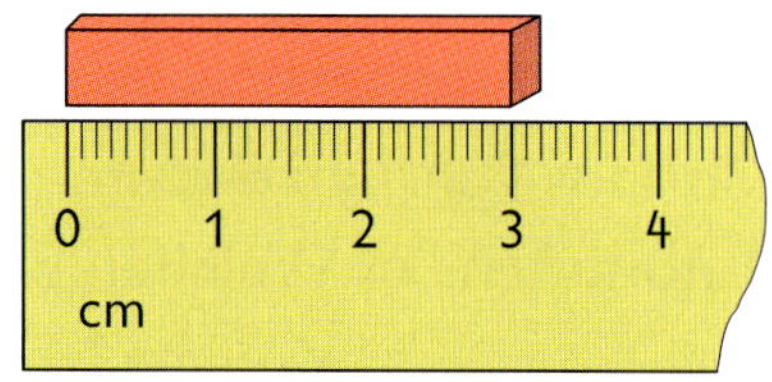

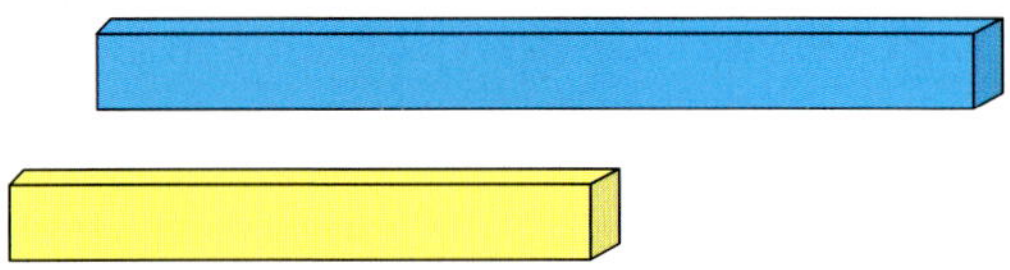

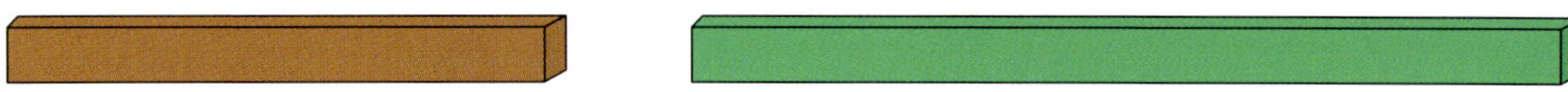

b) Ordne die Bausteine nach ihren Längen! Gib zwei Möglichkeiten an!

3

a) Lege Teile deines Figurensatzes so aneinander:

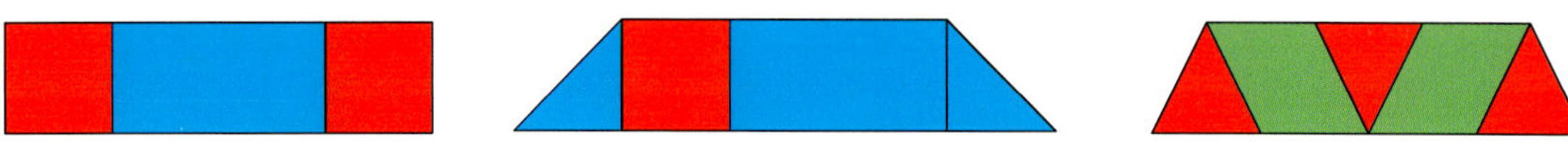

b) Miss mit dem Lineal!

c) Erfinde weitere Aufgaben zum Messen!

4

a) Miss, wie lang die weiteste Spanne zwischen deinem Daumen und deinem Zeigefinger ist!

b) Miss deine Fußlänge!

c) Miss die Länge eines Schrittes von dir!

5 a) Lege 4 Bücher übereinander und miss die Höhe des entstandenen Bücherstapels in Zentimetern!

b) Kennst du 4 Bücher, die gestapelt höher als 15 cm sind?

6 In der Schulbücherei müssen neue Bücher in Regale einsortiert werden. Steffi hat vor sich einen 100 cm hohen Stapel liegen, Roland einen Stapel von 30 cm und einen zweiten Stapel von 60 cm Höhe. Kannst du sagen, wer zuerst fertig sein wird? Begründe deine Antwort!

Meter und Zentimeter

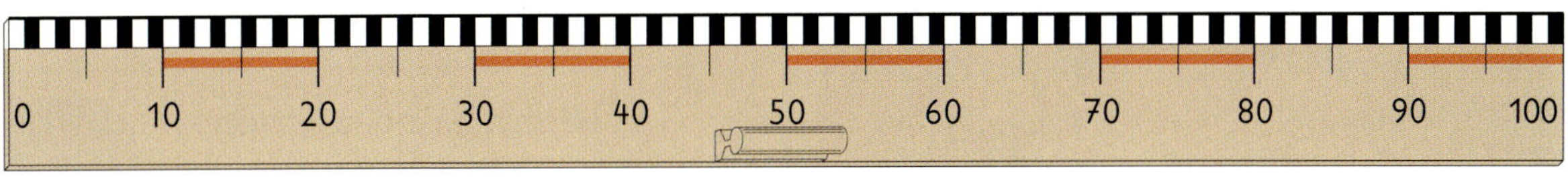

Ein Meter hat 100 Zentimeter. 1 m = 100 cm

1 Ein Tafellineal ist einen Meter lang.

a) Ute braucht für einen Meter 8 Handspannen.
Und du?

b) Prüfe nach, wie viele Fußlängen du für 1 m benötigst!

c) Erreichst du mit 5 Schritten 3 m?

2 Nenne Gegenstände,

a) die länger als 1 m sind,
b) die kürzer als 1 m sind,
c) die länger als 5 m sind,
*d) die länger als 1 m, aber kürzer als 5 m sind!

3 So hoch können Bäume wachsen:

Eiche 50 m, Kastanie 30 m, Birke 25 m, Tanne 75 m, Kiefer 48 m

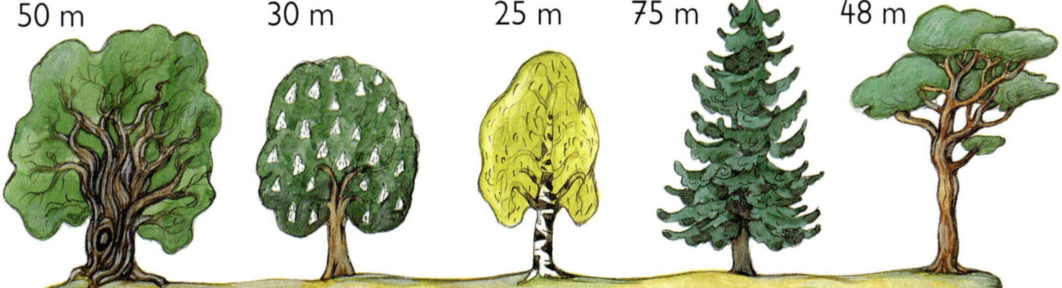

Ordne die Baumarten nach ihren möglichen Höhen!

Zeichnen von Strecken

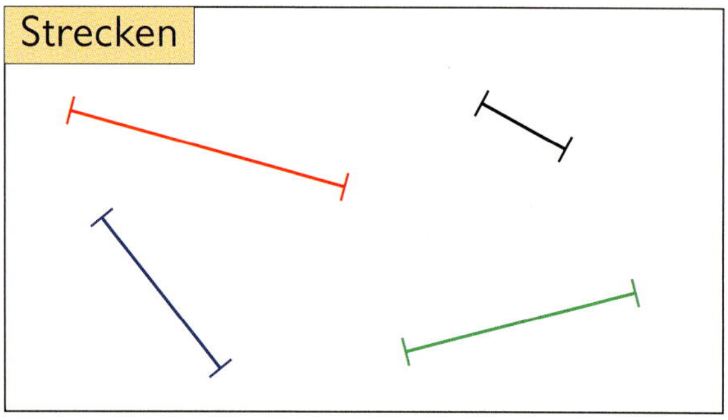

1 Suche in deiner Umgebung nach Strecken!

2 a) Nimm einen solchen Baustein in die Hand und zeige daran Strecken!

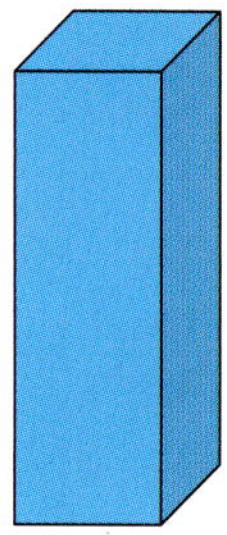

b) Zähle die Strecken!

Strecken zeichnen wir so:

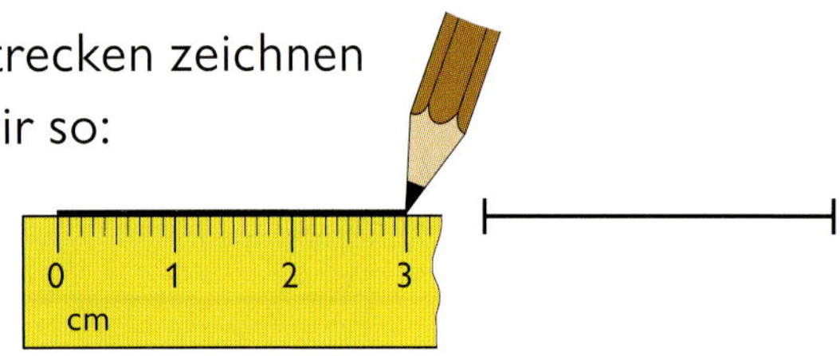

3 Zeichne je eine Strecke mit der Länge 2 cm, 7 cm, 15 cm in dein Heft!

4 a) Prüfe nach!

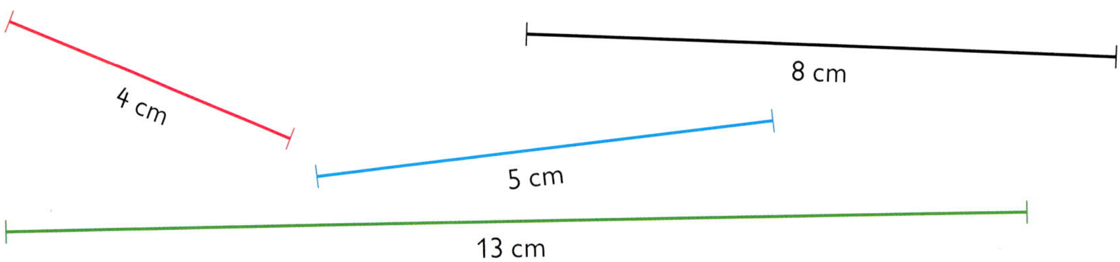

b) Zeichne je eine Strecke mit der angegebenen Länge in dein Heft!

5 Miss die Längen der einzelnen Strecken und die Länge der Gesamtstrecke! Rechne und vergleiche!

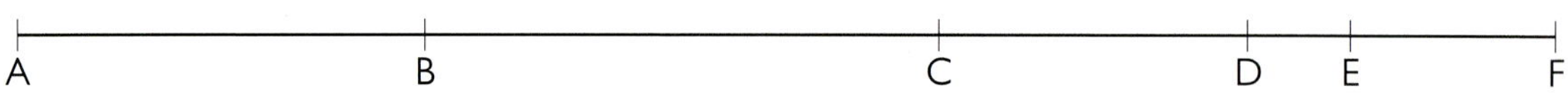

Millimeter

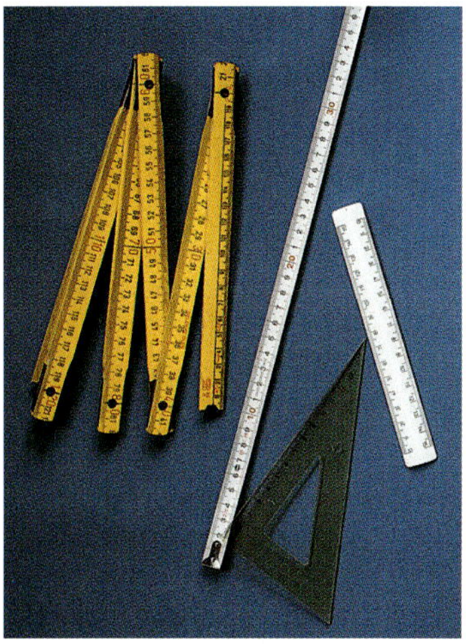

1 Prüfe nach!

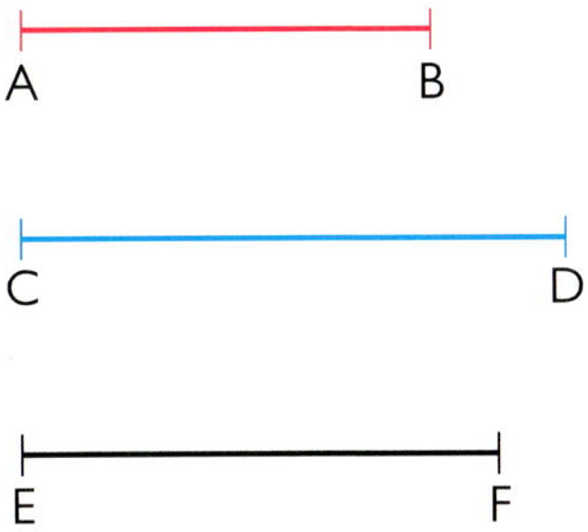

Die rote Strecke ist 3 cm lang.
$\overline{AB}$ = 3 cm

Die blaue Strecke ist 4 cm lang.
$\overline{CD}$ = 4 cm

Die schwarze Strecke ist länger als 3 cm, aber kürzer als 4 cm.

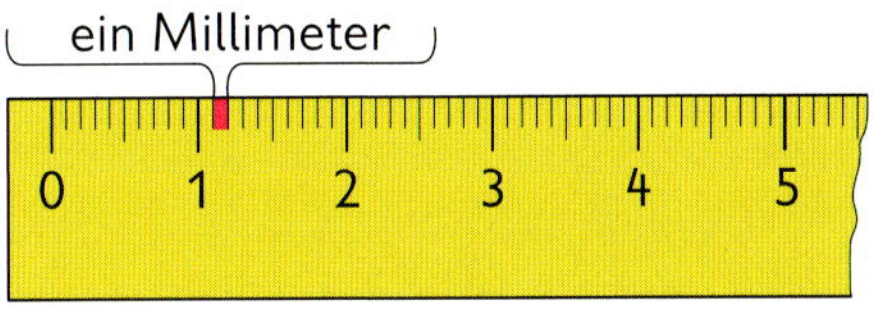

1 cm = 10 mm

Die schwarze Strecke ist 35 mm lang. $\overline{EF}$ = 35 mm

2 Wie lang sind die Strecken?

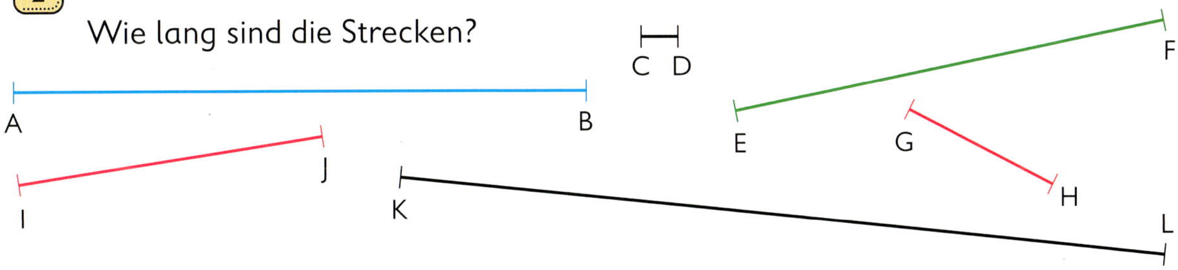

3 Miss,

a) wie lang und wie breit ein Rechenkästchen in deinem Heft ist,

b) wie dick dein Radiergummi ist,

c) wie dick ein 10-Cent-Stück ist!

4 Zeichne in dein Heft Strecken, die die folgenden Längen haben!

a) 4 cm
b) 20 mm
c) 8 mm
d) 54 mm
e) 67 mm
f) 3 cm 3 mm

Addieren zweistelliger Zahlen

Linda rechnet so:

$22 + 10 = 32$
$32 + 6 = 38$
$22 + 16 = 38$

Boris rechnet so:

$22 + 6 = 28$
$28 + 10 = 38$
$22 + 16 = 38$

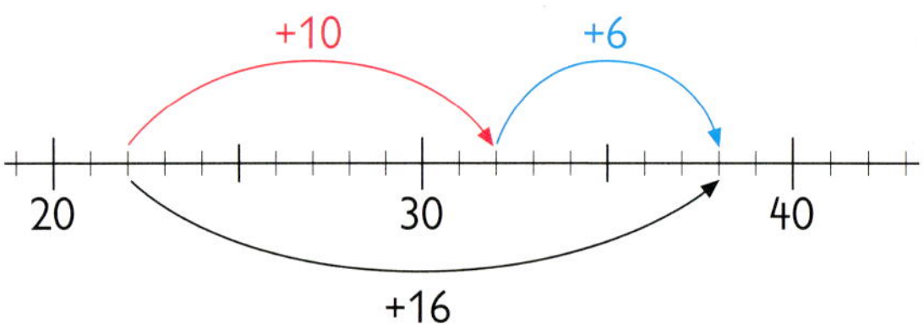

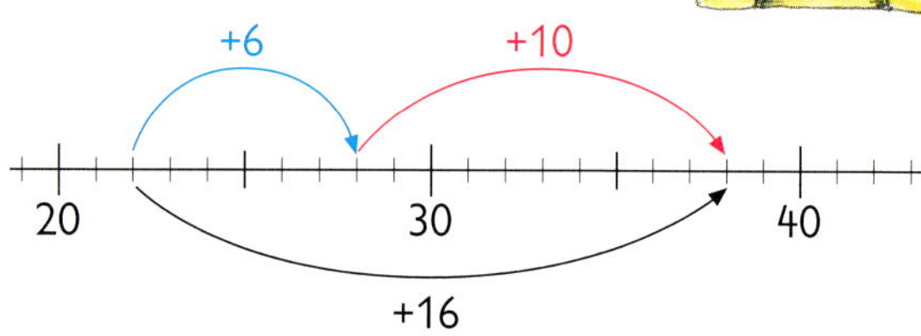

$20 + 10 = 30$
$2 + 6 = 8$
$30 + 8 = 38$
$22 + 16 = 38$

1

a)	b)	c)	d)	e)
23 + 46	33 + 33	35 + 42	46 + 22	71 + 18
82 + 17	16 + 43	52 + 26	73 + 16	26 + 42
55 + 33	21 + 67	36 + 31	65 + 13	24 + 45
64 + 12	44 + 52	41 + 37	35 + 54	66 + 32

2

Wie weit kommst du?

a)	b)	c)	d)
34 + 12 = ☐	13 + 46 = ☐	74 + 13 = ☐	36 + 61 = ☐
34 + 22 = ☐	23 + 46 = ☐	64 + 23 = ☐	46 + 51 = ☐
34 + 32 = ☐	33 + 46 = ☐	54 + 33 = ☐	56 + 41 = ☐
☐ + ☐ = ☐	☐ + ☐ = ☐	☐ + ☐ = ☐	☐ + ☐ = ☐

Subtrahieren zweistelliger Zahlen

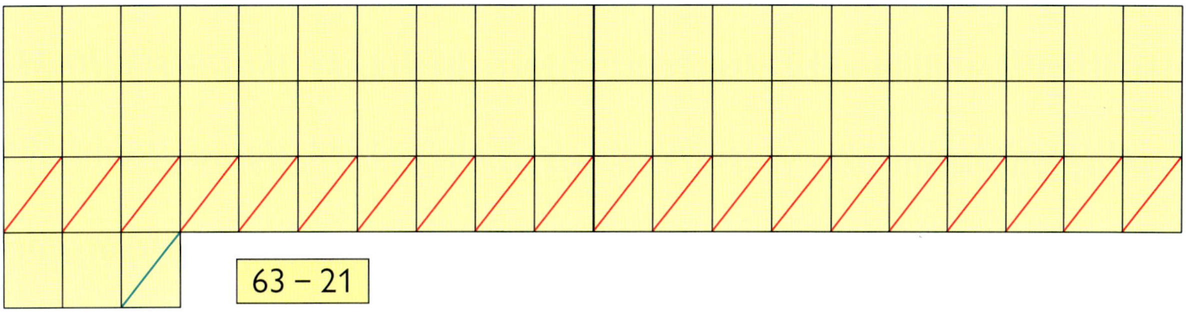

63 – 21

Georg rechnet so:

$63 - 20 = 43$
$43 - 1 = 38$
$63 - 21 = 42$

Anton rechnet so:

$63 - 1 = 62$
$62 - 20 = 42$
$63 - 21 = 42$

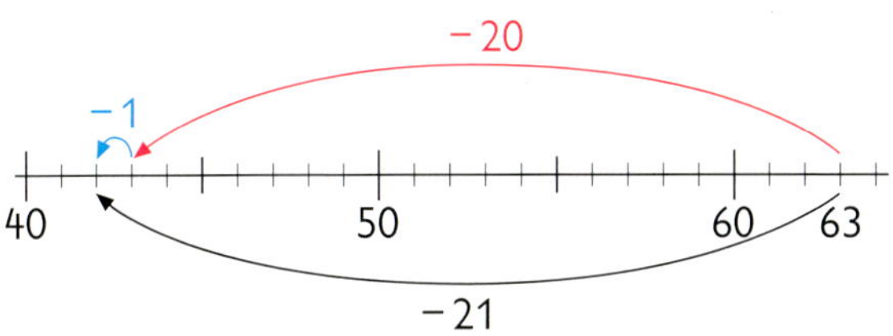

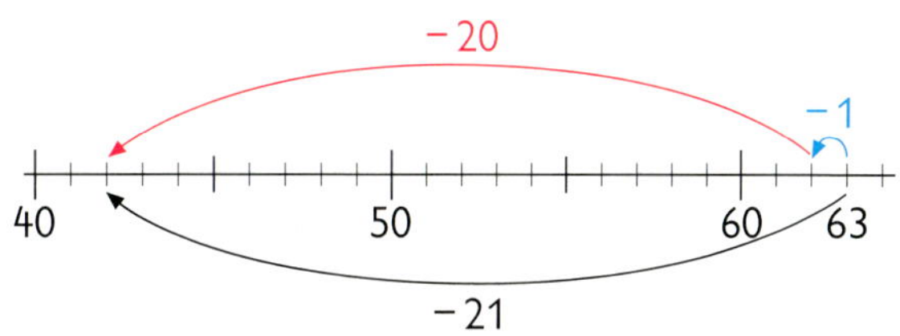

1

a)	b)	c)
26 – 11	39 – 18	88 – 36
75 – 34	68 – 35	67 – 27
59 – 55	43 – 12	36 – 31
57 – 23	82 – 51	38 – 23

2

a)	b)	c)
36 – 22	44 – 11	49 – 37
79 – 58	44 – 96	87 – 66
12 – 54	58 – 38	94 – 72
29 – 16	37 – 15	44 – 43

3

Löse! Prüfe mit der Umkehraufgabe!

a)	b)	c)	d)
99 – 75 =	36 – 25 =	97 – 46 =	88 – 45 =
47 – 16 =	73 – 52 =	58 – 31 =	75 – 54 =
76 – 56 =	69 – 69 =	89 – 78 =	39 – 27 =
83 – 52 =	58 – 35 =	44 – 33 =	94 – 72 =

Sabine rechnet 63 – 21 so:

$60 - 20 = 40$
$3 - 1 = 2$
$40 + 2 = 42$
$63 - 21 = 42$

Mandy rechnet noch anders.

$63 - 21$
↓ −1 ↓ −1
$62 - 20 = 42$
$63 - 21 = 42$

Was sagst du dazu?

Addieren und Subtrahieren

1 a)

+	22	13	44	31	35
14					
51					

b)

−	11	33	42	24	35
67					
45					

2

a) 22 + 44
87 − 24
64 − 33
62 + 17

b) 49 − 15
21 + 36
15 + 23
28 − 17

c) 74 + 15
86 − 42
21 + 21
59 − 37

d) 32 − 11
42 + 26
26 + 42
98 − 47

e) 68 − 26
37 + 41
34 − 95
47 + 42

3

Rechne immer 11 dazu!
0, 11, __, __, __, __, __, __, __, 99

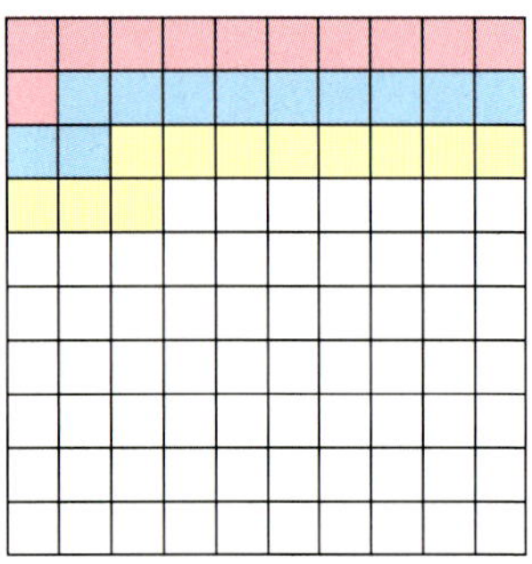

4

a) Rechne immer 12 dazu!
0, 12, __, __, __

b) Rechne immer 13 dazu!
0, __, __, __

5

a) Es sollen immer 12 weniger sein.
99, __, __, __, __

b) Es sollen immer 13 weniger sein.
99, __, __, __

6 Setze die Zahlenfolge fort! 98, 87, __, __, __, __, __, __, 10

7

a) E —(+ 22)→ A

E	A
46	
37	
0	

b) E —(− 23)→ A

E	A
35	
74	
89	

c) E —(__)→ A

E	A
64	77
32	45
26	

d) E —(__)→ A

E	A
97	83
34	20
86	

8

Bilde selbst Aufgaben!
Rechne dann:

88 − 15 = 73

a)

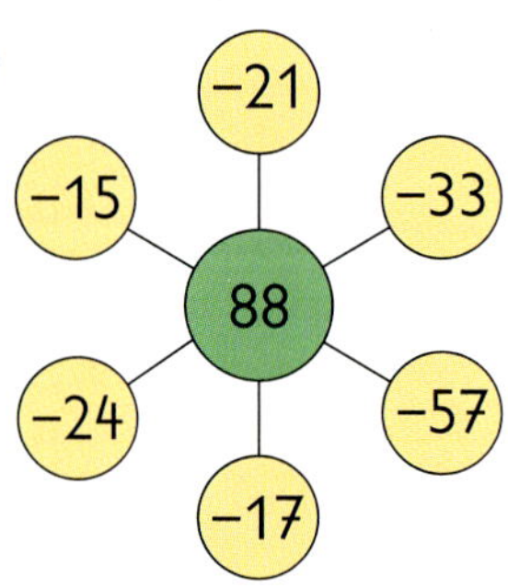

b)

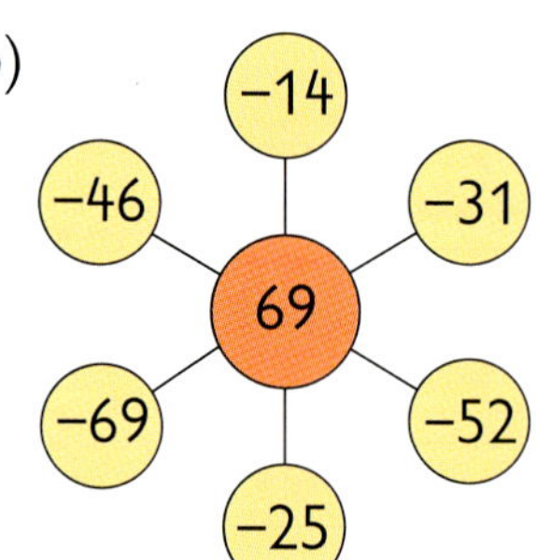

Addieren und Subtrahieren

1 a) 82 → +13 → 95   b) 11 ⇄ 27   c) 33 → +12 → ☐   d) 54 ⇄ 86

2 a) 34 ⇄ 75   b) 44 ⇄ ☐ (−23)   c) ☐ → +15 → 69 (−15)   d) ☐ → +11 → ☐ (−11)

3 Rechne! Bilde auch die Tauschaufgabe und löse sie!

16 + 11 = 27
11 + 16 = 27

a) 16 + 11	b) 44 + 45	c) 81 + 15	d) 35 + 24	e) 17 + 32
83 + 15	57 + 12	24 + 64	63 + 32	75 + 23
41 + 35	72 + 27	17 + 52	56 + 33	24 + 61
13 + 71	26 + 62	43 + 23	44 + 21	43 + 36

4

Löse!
Prüfe mit der Umkehraufgabe!

56 − 12 = 44
44 + 12 = 56

a) 56 − 12	b) 53 − 32	c) 68 − 56	d) 36 − 13	e) 68 − 27
78 − 56	95 − 43	77 − 44	87 − 45	92 − 61
93 − 41	87 − 45	56 − 25	65 − 11	47 − 56
54 − 32	69 − 27	43 − 22	58 − 37	86 − 34

5

Setze fort und rechne!

a) 25 − 22 = ☐	b) 89 − 66 = ☐	c) 11 + 22 = ☐	d) 12 + 61 = ☐
35 − 22 = ☐	89 − 56 = ☐	22 + 33 = ☐	24 + 51 = ☐
45 − 22 = ☐	89 − 46 = ☐	33 + 44 = ☐	36 + 41 = ☐
☐ − ☐ = ☐	☐ − ☐ = ☐	☐ + ☐ = ☐	☐ + ☐ = ☐

6

Vergleiche!

a) 34 + 42 ◯ 77	b) 43 ◯ 59 − 16
56 − 32 ◯ 24	42 ◯ 89 − 57
65 − 42 ◯ 13	59 ◯ 62 + 27
78 − 47 ◯ 31	92 ◯ 45 + 42

Sachaufgaben und Rechengeschichten

1 a) Zwei Klassen führten gemeinsam ein Klassenfest durch. Aus der 2a kamen 23 Schüler und aus der 2b kamen 25 Schüler. Wie viele Schüler nahmen am Fest teil?

b) Für das Fest hatten die Kinder insgesamt 96 € gespart. Für kleinere Preise wurden 55 € ausgegeben. Wie viel Geld blieb übrig?

c) Bei einem Wissenstoto erreichte Klara mit 52 Punkten das beste Ergebnis. Darko wurde Zweiter. Er hatte nur 5 Punkte weniger als Klara. Wie viele Punkte bekam Darko?

d) Der Klassenraum war mit roten und gelben Luftballons geschmückt. Von jeder Farbe waren es 14. Wie viele Luftballons waren das insgesamt?

*e) Auf dem Tisch standen 3 große Teller mit Kuchen. Max zählte 32 Stück Pflaumenkuchen, 31 Stück Kirschkuchen und 33 Stück Apfelkuchen. Wie viele Stücke Kuchen sind das insgesamt?

f) Denke dir selbst eine weitere Sachaufgabe aus! Stelle sie deinen Mitschülern!

2 Erfinde Rechengeschichten zu folgenden Aufgaben:

a) 35 € + 9 € b) 79 ct – 15 ct c) 28 € + 7 € + 20 €

Sachaufgaben mit Größen

1 Welche Frage würdest du stellen?

a) Frau Sauber kauft ein Hemd für 24 € und eine Mütze.
Für beides bezahlt sie 36 €.

b) Toni, Luisa und Max aus Heringshausen kommen vom Angeln.
Max konnte keinen Fisch fangen. Toni und Luisa angelten jeder einen Fisch. Tonis Fisch war 29 cm lang. Luisas Fisch war noch 4 cm länger.

c) Der Klassenrekord im Hochsprung steht bei 75 cm.
Bei einem Sportfest blieb Tobias 7 cm unter dem Rekord.
Manuel überbot den Rekord um 6 cm.

d) Maren hat 27 ct. Sie gibt 2 Pfandflaschen ab.
Für jede Flasche erhält sie 15 ct.

e) Bei einem Skispringen für Kinder erreichte Tom 22 m und Simon 27 m. Peter sprang 6 m weiter als Tom.

f) Tanja will mit den Eltern eine Schifffahrt machen.

2 Was bedeuten die Preisangaben?
Lege mit Rechengeld!

1 € 70 ct	1,70 €
2 € 50 ct	
	1,40 €
3 € 20 ct	
	6,90 €
4 € 55 ct	

Schwerer oder leichter?

1 Erzähle zum Bild! Was fällt dir zum Wippen noch ein?

2 Gib an, was schwerer ist!

a)

b)

c)

3 Ergänze! ist schwerer als *oder* ist leichter als

4 Ordne die Gegenstände in der Reihenfolge vom leichtesten zum schwersten!

Kilogramm und Gramm

1 Was ist schwerer? Schätze zuerst, dann prüfe mit einer Balkenwaage!

a) 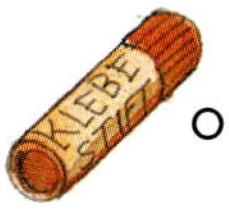

oder 
b) 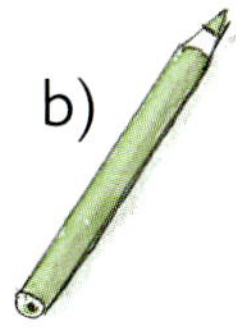 oder 
c)  oder 

2

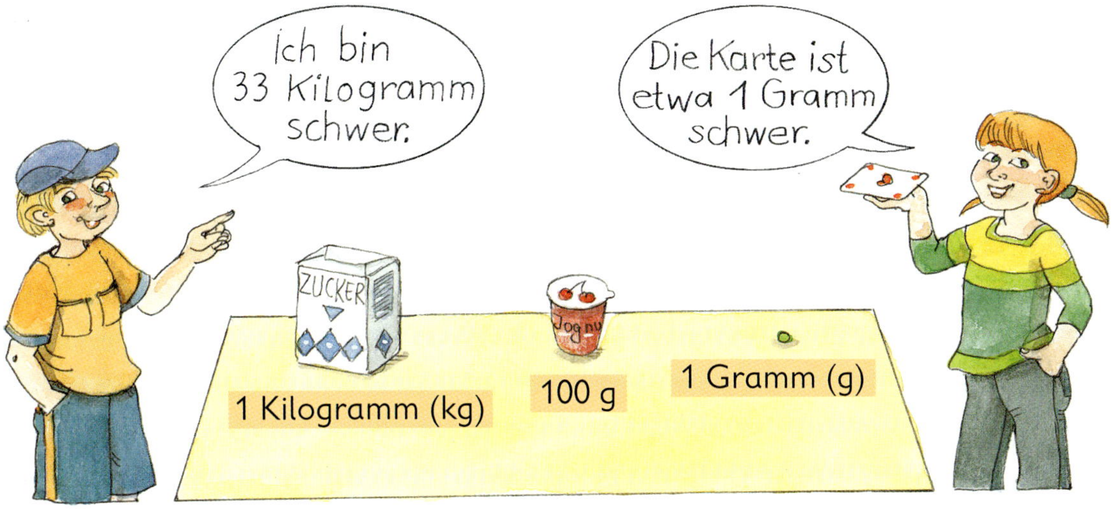

3

a) Was könnte etwa 1 kg wiegen?

oder  oder 

b) Was könnte etwa 1 g wiegen?

oder  oder 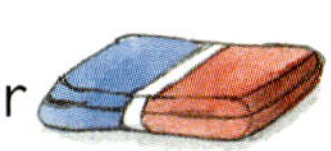

4 Schätze zuerst!
Dann suche die Masseangaben auf Verpackungen und vergleiche!
Ergänze die Tabelle im Heft!

	Masse	
	geschätzt	angegeben

5 In welcher Einheit würdest du die Masse von

a) einem Hund b) einem Hamster

c) einer Kuh d) einem Singvogel e) einem Käfer angeben?

Addieren zweistelliger Zahlen

Ina rechnet:

26 + 10 = 36
36 + 8 = 44
26 + 18 = 44

Jan rechnet:

26 + 8 = 34
34 + 10 = 44
26 + 18 = 44

Mario rechnet:

20 + 10 = 30
6 + 8 = 14
30 + 14 = 44
26 + 18 = 44

1

a)	b)	c)	d)	e)
29 + 12	19 + 48	46 + 37	26 + 64	39 + 43
35 + 28	16 + 25	59 + 29	55 + 27	75 + 18
74 + 17	49 + 14	16 + 16	44 + 19	64 + 36
18 + 43	63 + 18	38 + 23	17 + 67	58 + 24

2

Rechne! Was stellst du fest?

a)	b)	c)	d)
15 + 16 = ☐	15 + 26 = ☐	24 + 28 = ☐	33 + 49 = ☐
16 + 17 = ☐	16 + 27 = ☐	25 + 27 = ☐	34 + 48 = ☐
17 + 18 = ☐	17 + 28 = ☐	26 + 26 = ☐	35 + 47 = ☐
☐ + ☐ = ☐	☐ + ☐ = ☐	☐ + ☐ = ☐	☐ + ☐ = ☐

Verena rechnet 26 + 18 so:

26 + 20 = 46
46 − 2 = 44
26 + 18 = 44

Jana rechnet noch anders:

26 + 18
↓+4 ↓−4
30 + 14 = 44
26 + 18 = 44

Addieren zweistelliger Zahlen

1 a) 47 + 10 + 7
35 + 6 + 20
53 + 30 + 8

b) 32 + 9 + 40
63 + 9 + 10
19 + 20 + 5

c) 8 + 16 + 50
7 + 54 + 30
5 + 20 + 26

d) 40 + 5 + 38
7 + 10 + 49
17 + 70 + 6

2 Rechne! Kontrolliere deine Ergebnisse durch Vertauschen der Summanden!

a) 35 + 27
34 + 47
45 + 26
69 + 18

b) 84 + 16
56 + 35
37 + 44
28 + 38

c) 46 + 34
47 + 48
68 + 23
79 + 18

d) 78 + 13
57 + 35
25 + 58
27 + 68

e) 58 + 27
53 + 19
13 + 24
86 + 14

3

a) E $\xrightarrow{+17}$ A

E	A
43	
24	
36	

b) E $\xrightarrow{+26}$ A

E	A
45	
26	
64	

c) E $\xrightarrow{+45}$ A

E	A
48	
16	
37	

d) E $\xrightarrow{+38}$ A

E	A
44	
17	
56	

4 Bilde Aufgaben und löse sie!

5 In einer Schwimmhalle sind 27 Mädchen und 16 Jungen. Wie viele Kinder sind das insgesamt?

6 Ilona und David sammelten Pilze. Ilona fand 29 Pilze und David 33.

7 9 Heuhaufen und 14 Heuhaufen werden von einem Bauern zusammengetragen. Wie viele Heuhaufen hat der Bauer jetzt?

8 a)

+	14	72	48	36	65
19					
25					

b)

+	13	64	59	46	37
28					
36					
17					

Subtrahieren zweistelliger Zahlen

31 – 16

Jette rechnet:

31 – 6 = 25
25 – 10 = 15
31 – 16 = 15

Alex rechnet so:

31 – 10 = 21
31 – 6 = 15
31 – 16 = 15

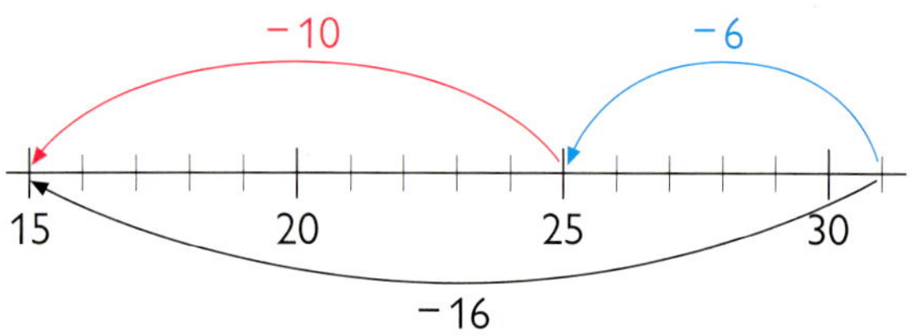

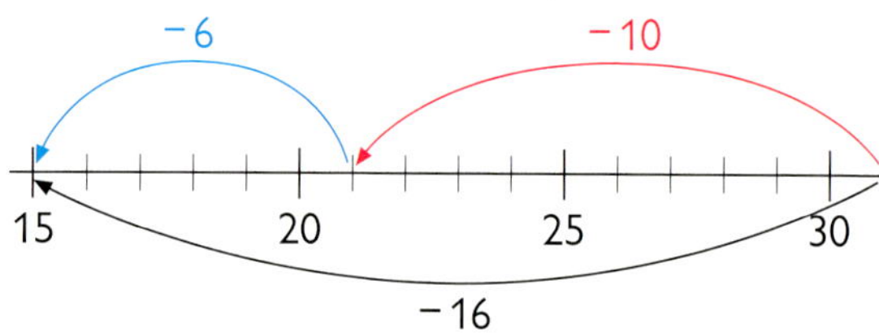

1

a)	b)	c)	d)	e)
34 – 15	82 – 38	36 – 19	86 – 59	95 – 66
71 – 43	65 – 47	45 – 27	26 – 18	34 – 19
66 – 49	91 – 44	57 – 48	43 – 38	72 – 43
99 – 99	73 – 45	82 – 64	48 – 29	19 – 64

2

Rechne! Was stellst du fest?

a)	b)	c)	d)
21 – 12 = ☐	31 – 13 = ☐	41 – 14 = ☐	51 – 15 = ☐
32 – 23 = ☐	42 – 24 = ☐	52 – 25 = ☐	62 – 26 = ☐
43 – 34 = ☐	53 – 35 = ☐	63 – 36 = ☐	73 – 37 = ☐
☐ – ☐ = ☐	☐ – ☐ = ☐	☐ – ☐ = ☐	☐ – ☐ = ☐

Boris rechnet noch anders:

31 – 20 = 11
11 + 4 = 15
31 – 16 = 15

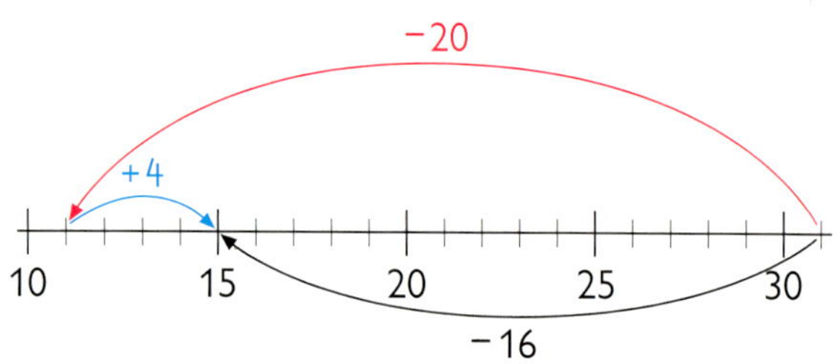

Subtrahieren zweistelliger Zahlen

1

a) 22 − 7 − 10 = ▢
45 − 6 − 20 = ▢
83 − 40 − 8 = ▢
55 − 30 − 9 = ▢

b) 74 − 30 − 7 = ▢
93 − 8 − 50 = ▢
36 − 9 − 20 = ▢
54 − 30 − 5 = ▢

c) 65 − 7 − 40 = ▢
44 − 20 − 8 = ▢
53 − 4 − 20 = ▢
82 − 60 − 6 = ▢

2

Ein Lieferauto soll 54 Kisten mit Äpfeln auf den Markt bringen. 28 Kisten sind schon aufgeladen.
Wie viele Kisten fehlen noch?

3 In der Kinderbücherei gibt es 62 Musikkassetten. 37 Kassetten sind ausgeliehen.

4

Bilde Aufgaben und löse sie! 83 − 48 = 35

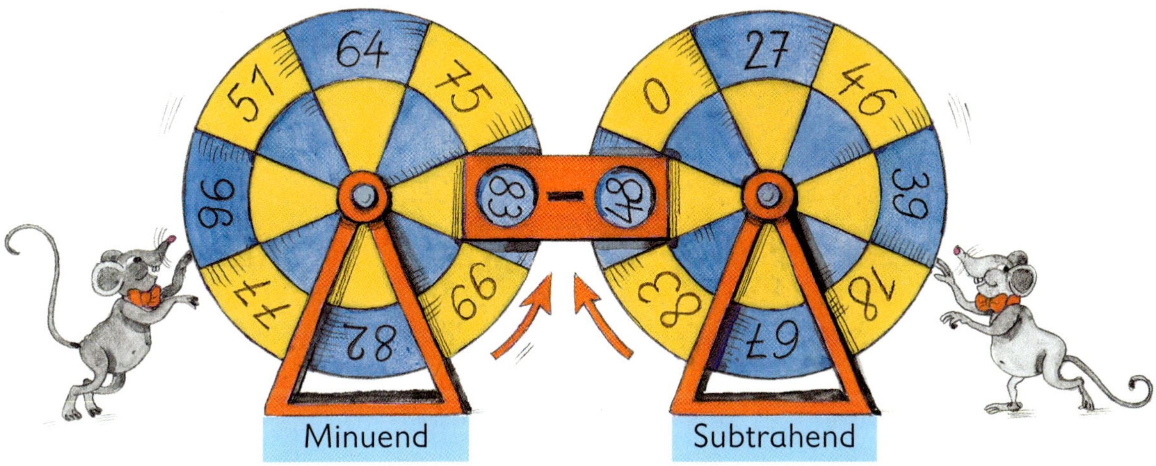

5

a) E −14→ A

21	
43	
52	
13	

b) E −35→ A

44	
91	
72	
53	

c) E −42→ A

90	
81	
22	
38	

d) E −23→ A

71	
42	
	47
	51

6

a) 45 − 37 = ▢
62 − 18 = ▢
54 − 29 = ▢
33 − 16 = ▢

b) 94 − ▢ = 59
83 − ▢ = 57
37 − ▢ = 18
75 − ▢ = 46

*c) 34 − ▢ = 17
64 − 49 = ▢
55 − ▢ = 8
▢ − 26 = 54

*d) ▢ − 34 = 38
▢ − 49 = 22
▢ − 55 = 19
▢ − 28 = 64

Addieren und Subtrahieren

1

a) 16 + ___ = 31
79 + ___ = 92
28 + ___ = 54
56 + ___ = 85

b) 26 + ___ = 44
18 + ___ = 51
34 + ___ = 62
46 + ___ = 63

2

a) 32 − ___ = 17
33 − ___ = 14
66 − ___ = 28
42 − ___ = 27

b) 53 − ___ = 0
79 − ___ = 46
25 − ___ = 9
41 − ___ = 41

3 Schreibe zu jedem Pfeil eine Aufgabe und löse sie!

a)

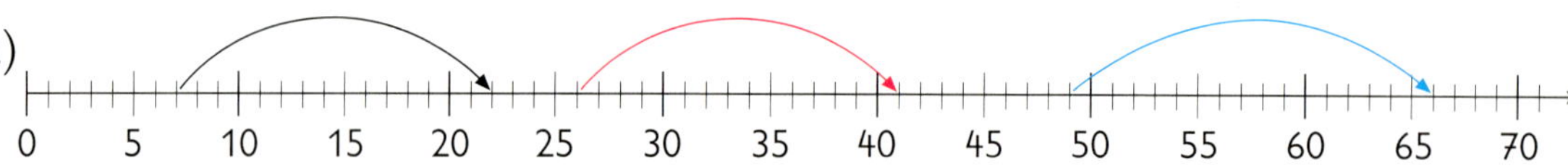

7 + 15 = 22

b)

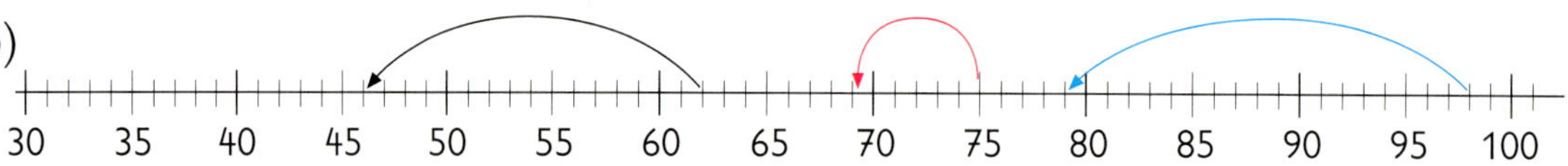

4

Berechne die fehlenden Zahlen!

a)
___
32 | ___
15 | 17 | 19
7 | 8 | 9 | 10

b)
___
___ | ___
___ | ___ | ___
11 | 12 | 13 | 14

c)
___
___ | ___
___ | ___ | ___
9 | 14 | 7 | 10

5

a) 48 + 39 = ___
33 + ___ = 62
___ + 68 = 86

b) 91 − 25 = ___
85 − ___ = 48
___ − 13 = 64

c) 19 + 73 = ___
74 + ___ = 92
___ + 54 = 83

d) 83 − 69 = ___
76 − ___ = 59
___ − 18 = 28

e) 45 + 45 = ___
42 + ___ = 73
___ + 27 = 100

f) 36 − 42 = ___
47 − ___ = 29
___ − 18 = 46

6

Berechne die fehlenden Zahlen!

a)
96 | 43 | 23 | 14
53 | 20 | ___
33 | ___
___

b)
92 | 59 | 41 | 25
___ | ___ | ___
___ | ___
___

c)
83 | 55 | 42 | 34
___ | ___ | ___
___ | ___
___

Addieren und Subtrahieren

1 Rechne!

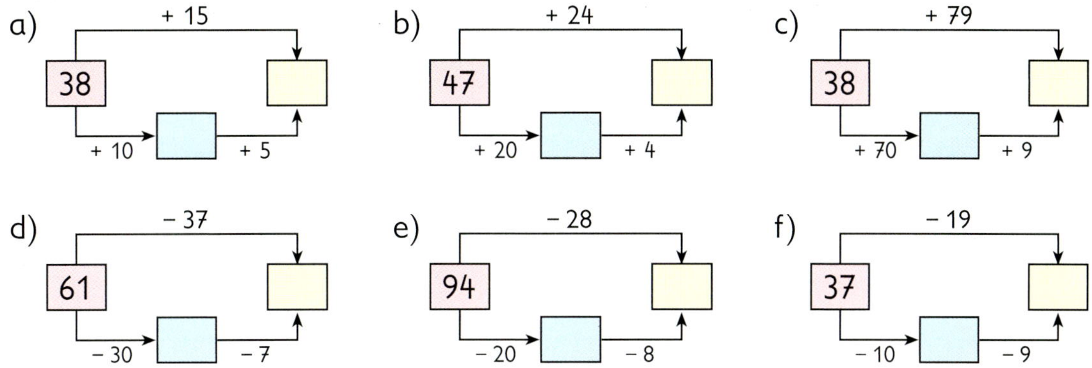

2

a) 7 + 7
17 + 17
27 + 27

b) 44 – 6
54 – 16
64 – 26

c) 9 + 9
19 + 19
29 + 29

d) 53 – 8
63 – 18
73 – 28

3

a) Nur Plus
25 + 30 + 16
14 + 20 + 17
13 + 40 + 29
27 + 20 + 18

b) Nur Minus
32 – 10 – 5
44 – 20 – 14
61 – 30 – 25
87 – 36 – 11

c) Plus und Minus
19 + 40 – 19
42 + 20 – 24
33 – 10 + 18
37 – 20 – 17

4

Bilde Aufgaben und löse sie!

42 – 26 = 16

5

Rechne vorteilhaft!

a) 67 + 13 + 14
36 + 19 + 11
49 + 24 + 16

b) 37 + 42 + 18
53 + 16 + 14
44 + 25 + 25

c) 61 + 29 – 9
40 + 53 – 13
39 + 46 – 36

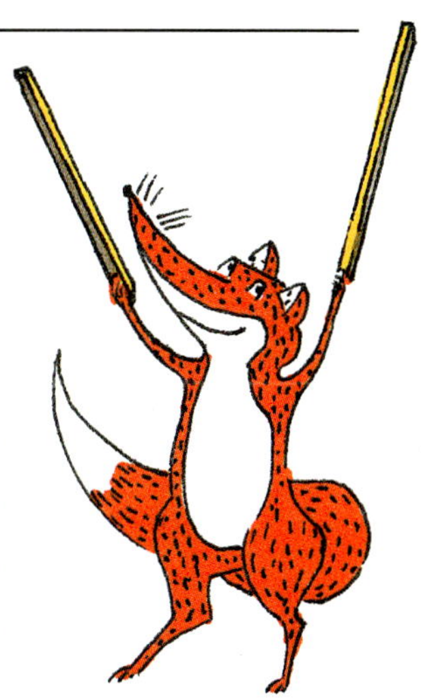

6 <, > oder =?

a) 43 + 44 ○ 77
24 + 53 ○ 77
19 + 58 ○ 77
47 + 19 ○ 77

b) 99 – 45 ○ 63
87 – 23 ○ 63
77 – 14 ○ 63
96 – 33 ○ 63

c) 67 + 32 ○ 49
14 + 35 ○ 49
87 – 38 ○ 49
92 – 33 ○ 49

Rechnen bei Sport und Spiel

Die Kinder der Klasse 2a führen einen Wettstreit durch.
Es werden vier Gruppen gebildet. Zu jeder Gruppe gehören vier Kinder.
Diese erkennt man an der Farbe ihrer Sportkleidung.

 Niklas, Anne, Paul, Nina

 Peter, Jana, Jens, Iris

 Henrik, Klara, Toni, Kati

 Tom, Jette, Tarek, Kira

1

Beim Weitwurf

Jeder hat einen Wurf. Die Wurfweiten aller Kinder einer Gruppe werden zusammengezählt.

26 m	28 m	24 m	25 m
19 m	15 m	21 m	17 m
27 m	31 m	29 m	27 m
14 m	13 m	16 m	18 m

2

Auf Fadensuche

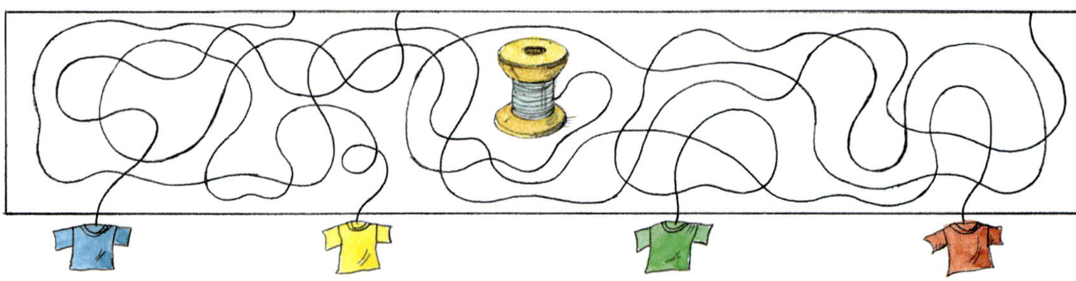

Nur ein Faden führt zur Garnrolle.
Jede Gruppe hat sich bereits für ein Fadenende entschieden.

3

Beim Zielwurf

Jeder darf eine Kugel in den Zielkreis werfen. Es wird gemessen, wie weit die Kugeln vom Ziel entfernt sind.

11 cm	7 cm	39 cm	5 cm
45 cm	20 cm	12 cm	23 cm
8 cm	47 cm	38 cm	37 cm
36 cm	14 cm	9 cm	32 cm

4

Auf der Suche nach Unterschieden

Die Gruppen entscheiden sich so:
Wer hat Recht?

5

Beim Rad fahren

Alle Kinder fahren mit dem Fahrrad auf einer Teststrecke.
Jede Gruppe beginnt mit 100 Punkten.
Wenn Kegel umkippen, werden die Punkte abgezogen.
Nachdem alle Kinder gefahren sind, ergeben sich folgende Bilder:

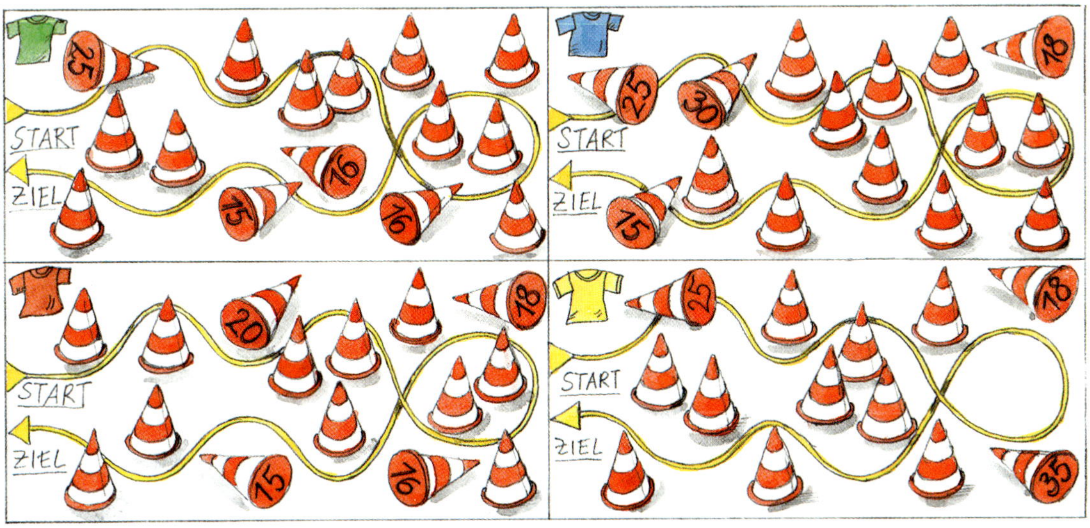

6 Denke dir weitere Spiele aus und erkläre sie den anderen!

Wiederholung und Kontrolle

1

a)	b)	c)	d)
85 + 9 = ☐	64 + 9 = ☐	47 + 9 = ☐	87 + 6 = ☐
48 + 5 = ☐	46 + 8 = ☐	88 + 4 = ☐	63 + 9 = ☐
67 + 8 = ☐	89 + 6 = ☐	66 + 5 = ☐	49 + 3 = ☐

52 53 54 56 71 72 73 75 92 93 94 95

2

a)	b)	c)	d)
92 − 8 = ☐	72 − 9 = ☐	54 − 9 = ☐	93 − 7 = ☐
55 − 6 = ☐	56 − 8 = ☐	91 − 2 = ☐	71 − 9 = ☐
73 − 7 = ☐	94 − 7 = ☐	75 − 7 = ☐	52 − 5 = ☐

45 47 48 49 62 63 66 68 84 86 87 89

3

a)	b)
45 + 6 + 7 = ☐	54 − 8 − 7 = ☐
23 − 5 − 9 = ☐	39 + 8 + 5 = ☐
46 − 8 − 6 = ☐	25 − 9 − 8 = ☐
64 − 9 + 6 = ☐	68 + 6 − 9 = ☐

8 32 9 58 39 61 52 65

4

a)	b)	c)
34 + ☐ = 41	56 + ☐ = 65	76 + ☐ = 84
58 + ☐ = 66	79 + ☐ = 86	36 + ☐ = 43
75 + ☐ = 84	37 + ☐ = 45	59 + ☐ = 68
69 + ☐ = 77	85 + ☐ = 92	48 + ☐ = 57

7 8 9

5

a)	b)	c)
48 − ☐ = 39	93 − ☐ = 86	50 − ☐ = 43
84 − ☐ = 77	70 − ☐ = 61	61 − ☐ = 52
62 − ☐ = 58	53 − ☐ = 49	41 − ☐ = 37
51 − ☐ = 44	32 − ☐ = 23	94 − ☐ = 90

4 7 9

6 Miss in Millimeter!

☐ mm ☐ mm

☐ mm ☐ mm

7 Zeichne Strecken in dein Heft mit folgenden Längen:
6 cm, 11 cm, 25 mm, 36 mm, 5 mm!

8

47 + 29 = ☐	92 – 45 = ☐	37 + 44 = ☐
36 + 45 = ☐	74 – 56 = ☐	26 + 39 = ☐
28 + 37 = ☐	61 – 35 = ☐	49 + 27 = ☐
63 – 37 = ☐	29 + 36 = ☐	75 – 57 = ☐
91 – 44 = ☐	48 + 48 = ☐	62 – 36 = ☐
72 – 54 = ☐	34 + 47 = ☐	93 – 46 = ☐

9

a) 29 → + 9 → ☐ → + 7 → ☐ → + 34 → ☐ → + 18 → 97

b) 27 → + 8 → ☐ → + 6 → ☐ → + 27 → ☐ → + 29 → 97

c) 16 → + 7 → ☐ → + 39 → ☐ → + 19 → ☐ → + 16 → 97

10

a) 84 → – 6 → ☐ → – 9 → ☐ → – 28 → ☐ → – 17 → 24

b) 76 → – 8 → ☐ → – 16 → ☐ → – 17 → ☐ → – 11 → 24

c) 91 → – 4 → ☐ → – 23 → ☐ → – 15 → ☐ → – 25 → 24

11

48 + 25 = ☐
91 – 18 = ☐
?
39 + 34 = ☐
85 – 12 = ☐

37 + 29 = ☐
83 – 17 = ☐
?
18 + 48 = ☐
90 – 24 = ☐

12 Kontrolliere mit der Umkehraufgabe!

a) 84 – 28 = ☐
71 – 34 = ☐

b) 53 – 26 = ☐
45 – 17 = ☐

c) 95 – 49 = ☐
87 – 58 = ☐

13 Lege 2 gelbe (3 grüne, 4 blaue, 5 rote) Dreiecke des Legematerials zu einem Dreieck zusammen!

14 Lege 8 gelbe (8 blaue, 8 rote, 8 grüne) Dreiecke des Legematerials zu einem Viereck zusammen!

Addieren und Subtrahieren in Zahlendreiecken

1 Ermittle die Turmzahlen!

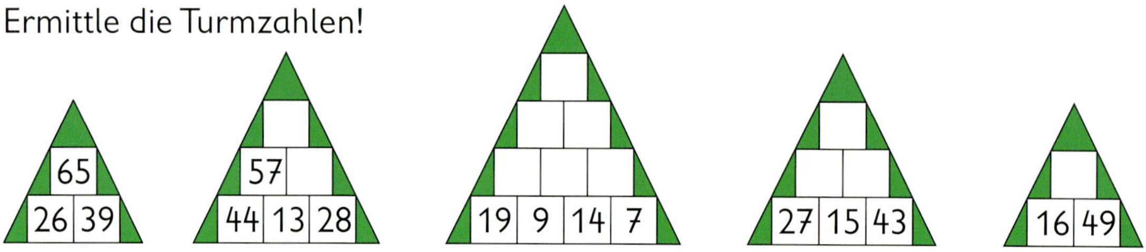

2 Wie heißen die fehlenden Zahlen?

3 Das sind zwei Zauberdreiecke. Überlege, warum!

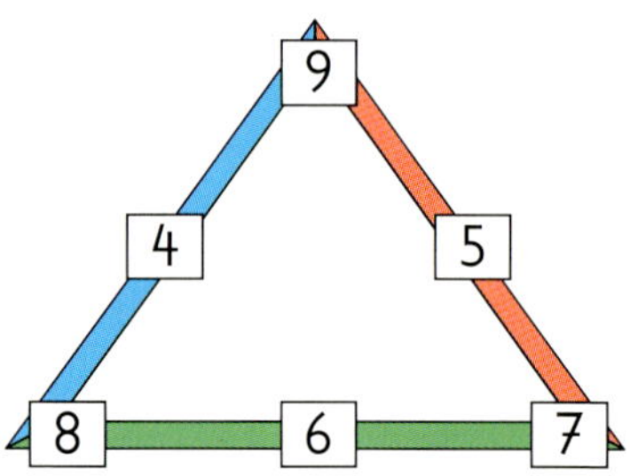

Hier ist die Zauberzahl 21.

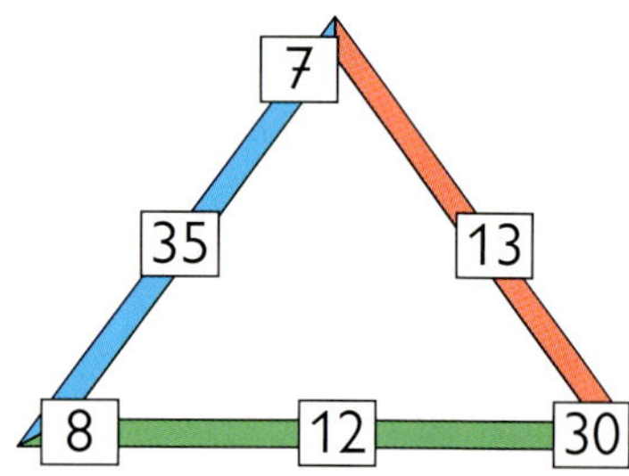

Hier ist die Zauberzahl 50.

4 Sind das auch Zauberdreiecke? Begründe deine Antwort!

a)

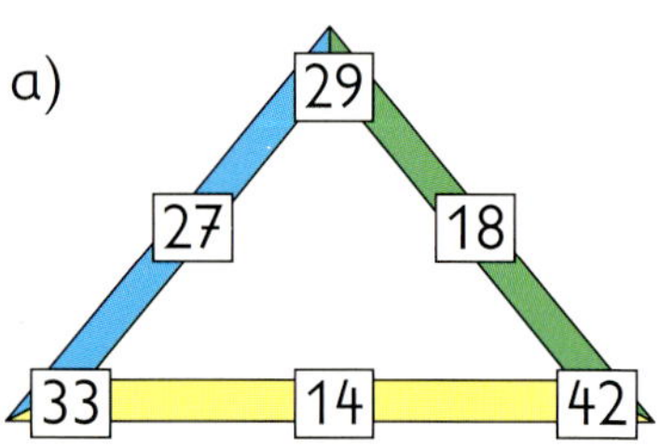

b)

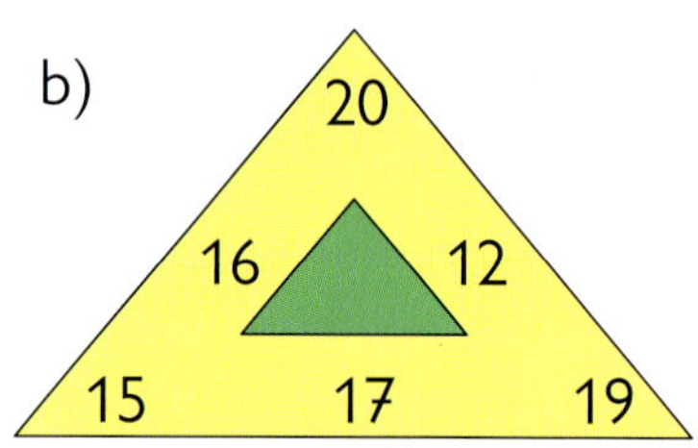

c)

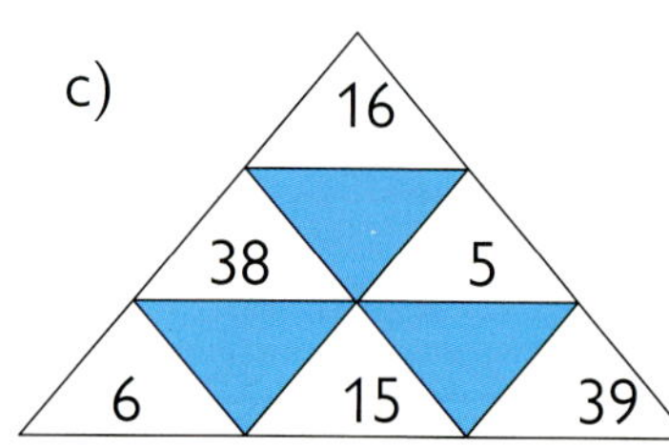

5 Bilde nun selbst Zauberdreiecke!

a)

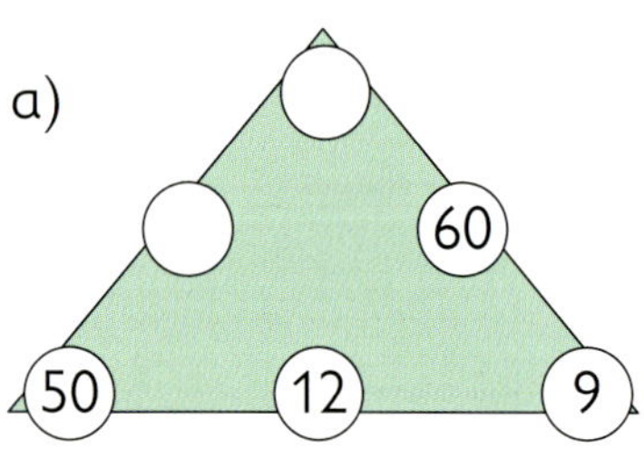

Zauberzahl

b)

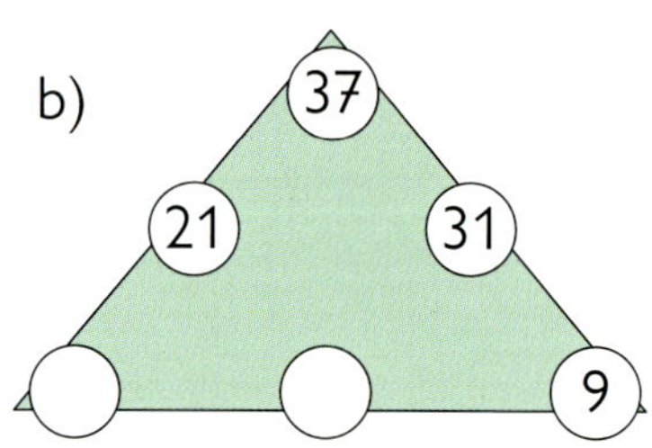

Zauberzahl 82

c)

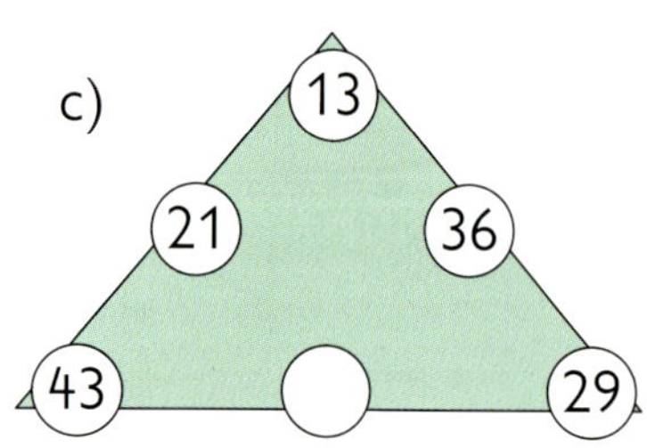

Zauberzahl

Geometrie | Linien, die einander schneiden

1

a) Falte ein Zeichenblatt wie ein Buch und öffne es wieder!

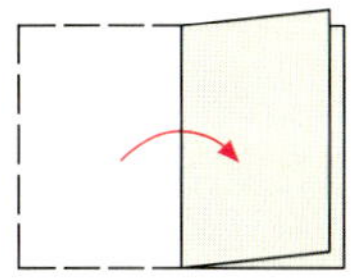

b) Falte das Blatt nun so:

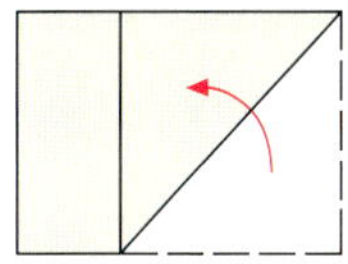

c) Öffne das Blatt wieder und zeichne die Faltlinien nach!

Wir sagen: Die Faltlinien **schneiden einander** in einem Punkt.

2 a) Falte ein Blatt Zeichenpapier viermal so, wie es unten angegeben ist! Öffne nach jedem Schritt das Blatt wieder!

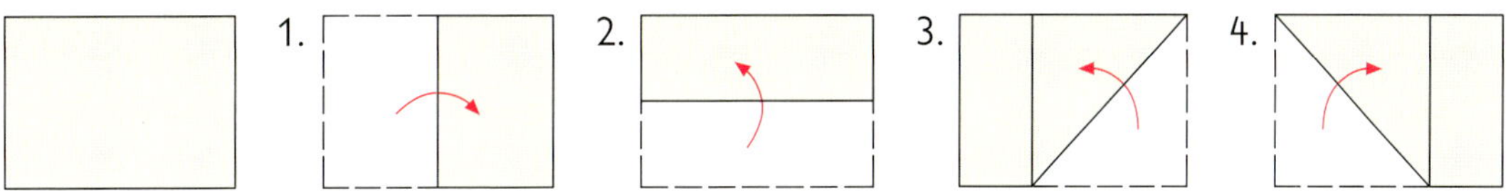

b) Wie viele einander schneidende Faltlinien sind entstanden?

3

In der Zeichnung siehst du gerade und gekrümmte Linien.

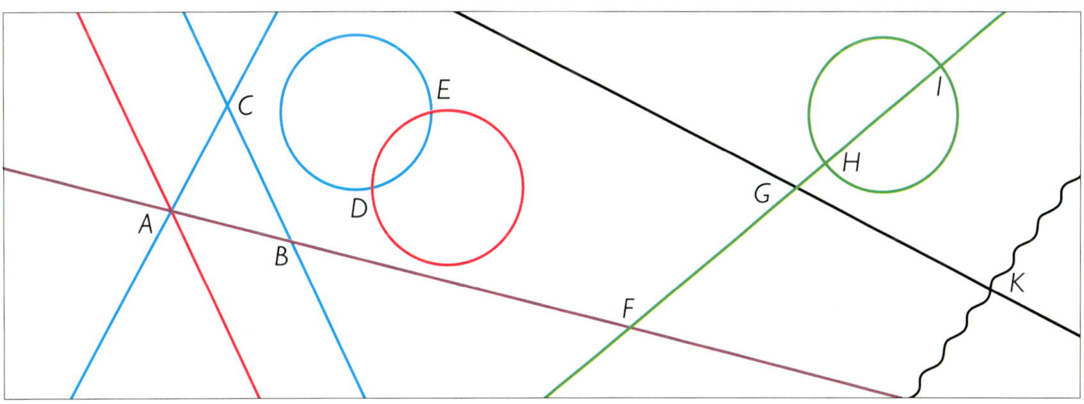

a) Prüfe nach, welche Linien Geraden sind!
Welche Hilfsmittel kannst du dafür benutzen?

b) Welche Linien schneiden einander?

*c) Nenne jeweils die Punkte, in denen zwei Linien einander schneiden!

Geraden, die zueinander senkrecht sind

1 a) Falte ein Blatt Zeichenpapier auf diese Weise:

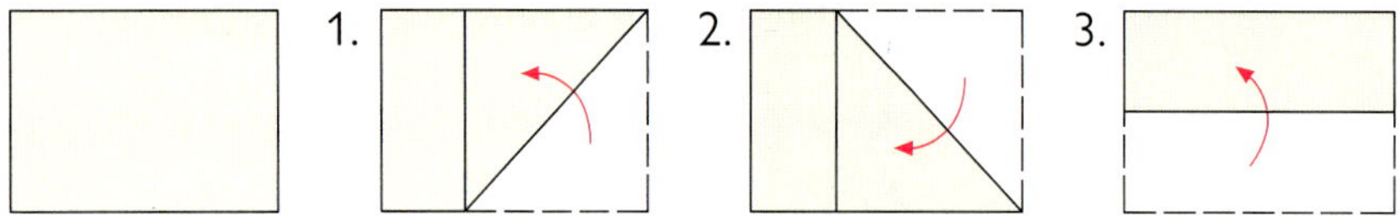

b) Zeichne die erste erhaltene Faltlinie rot, die zweite blau und die dritte grün nach!

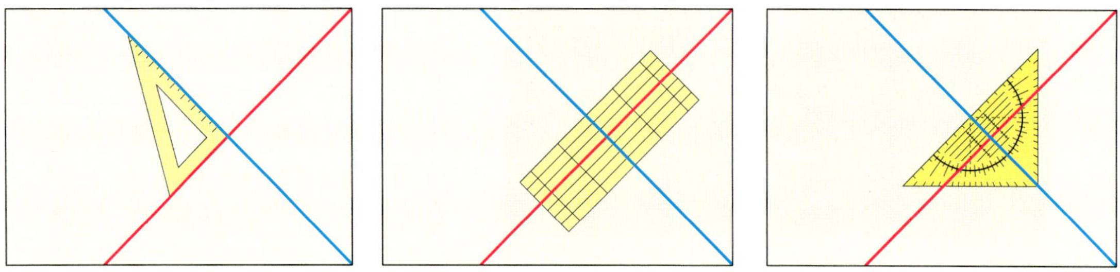

Die rote und die blaue Gerade sind **senkrecht zueinander**.
Sie bilden miteinander vier **rechte Winkel**.

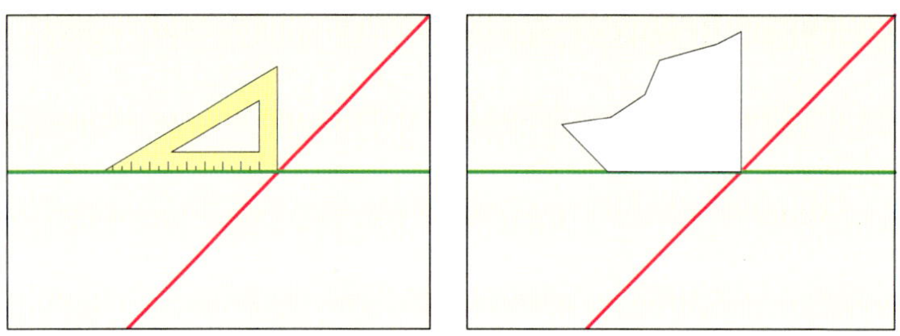

Die rote und die grüne Gerade sind **nicht** senkrecht zueinander. Sie bilden miteinander keine rechten Winkel.

2 Zueinander senkrechte Geraden finden wir überall in unserer Umgebung.

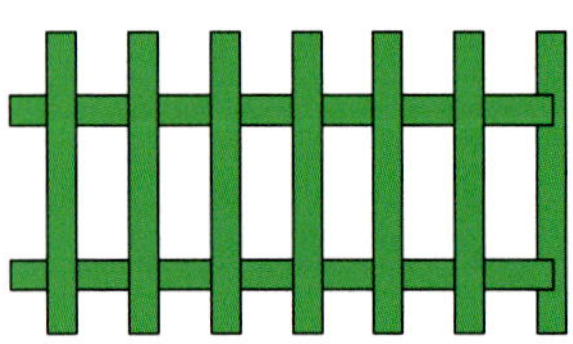

3 a) Zeichne in deinem Heft zwei Geraden nach, die senkrecht zueinander sind! Überprüfe es!

b) Zeichne zwei Geraden, die keine rechten Winkel miteinander bilden! Prüfe es nach!

4 Suche in der Zeichnung Geraden, die senkrecht zueinander sind! Überprüfe deine Vermutung! Lege auf zwei Geraden, die senkrecht zueinander sind, stets gleichfarbige Stäbchen!

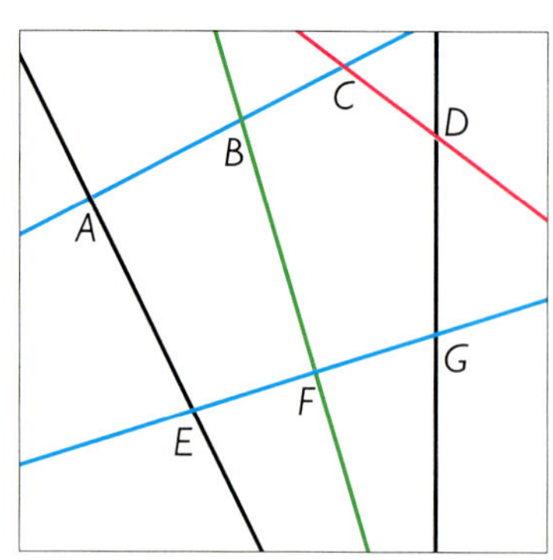

Geraden, die zueinander parallel sind

1

a) Falte ein Blatt Zeichenpapier nacheinander auf diese Weise:

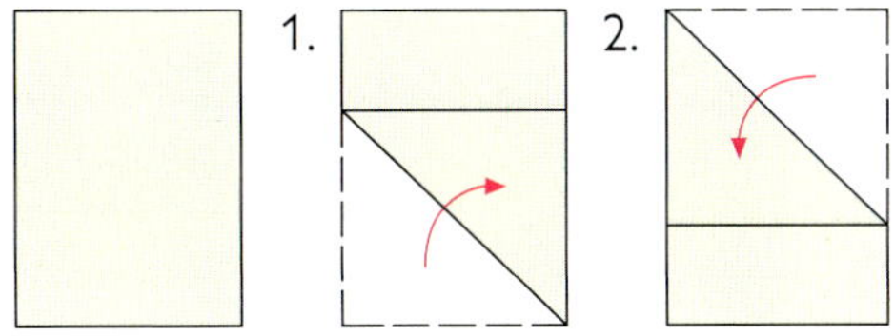

b) Zeichne die beiden Faltlinien nach!

Die nachgezeichneten Geraden sind **parallel zueinander.**

So können wir überprüfen, ob Geraden zueinander parallel sind:

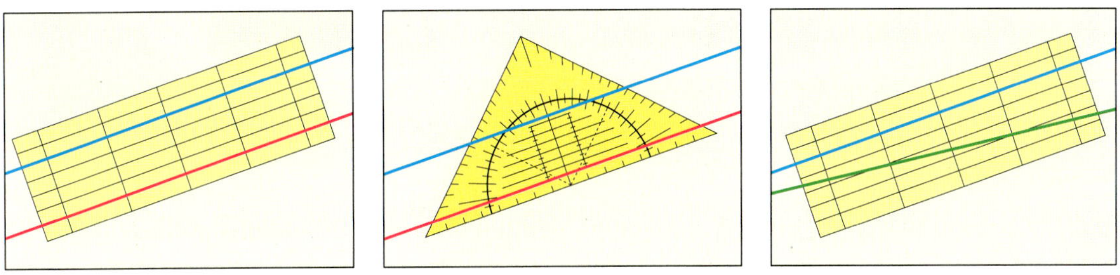

2

a) Zeichne in deinem Rechenheft zwei Geraden nach, die zueinander parallel sind!

b) Zeichne zwei Geraden, die nicht zueinander parallel sind! Prüfe es nach!

3

Suche in der Zeichnung Geraden, die parallel zueinander sind! Überprüfe deine Vermutung! Lege auf zwei Geraden, die parallel zueinander sind, stets gleichfarbige Stäbchen!

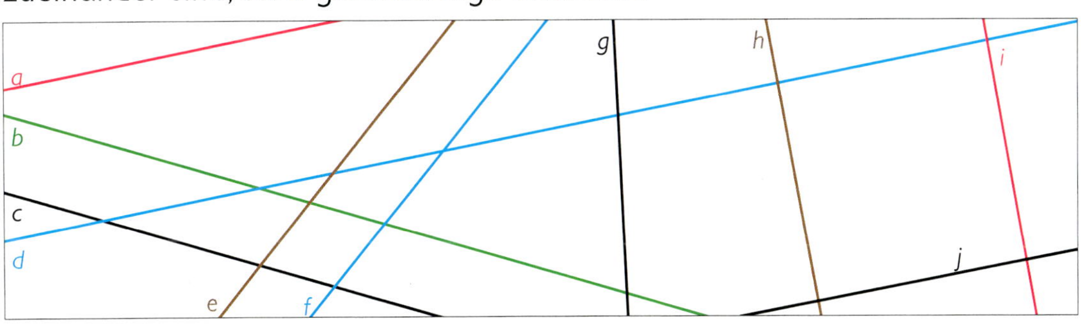

4 Suche in deiner Umgebung nach Strecken,

a) die zueinander parallel sind!

b) die zueinander senkrecht sind!

Dreiecke, Vierecke

1 Nenne Gegenstände, an denen du Dreiecke oder Vierecke erkennst!

2 a) Sortiere die Teile des Figurensatzes nach Dreiecken und Vierecken!

b) Lege jedes Viereck des Figurensatzes aus anderen Teilen nach!

c) Lege immer vier Dreiecke zu einem größeren Dreieck zusammen!

d) Lege Dreiecke aus mehr als vier Teilen zusammen!

3 a) Lege mit 12 gleich langen Stäbchen diese Figuren nach! Zähle jeweils die Dreiecke und Vierecke, die in der Figur enthalten sind!

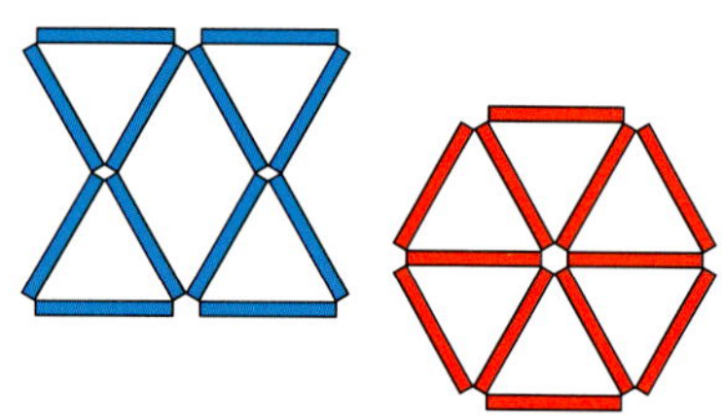

b) Lege mit 12 Stäbchen weitere Figuren!

4 a) Wie viele Dreiecke und Vierecke findest du in diesem Viereck?

b) Welche Strecken sind gleich lang? Schätze zuerst und miss dann nach!

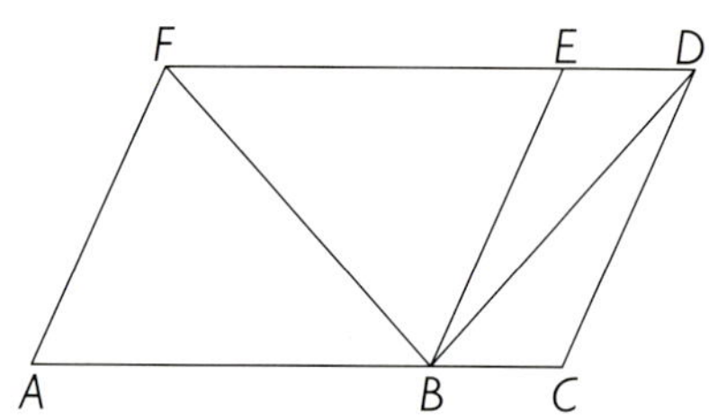

5 An welchen Vierecken erkennst du

a) zueinander parallele Seiten? b) gleich lange Seiten? c) rechte Winkel?

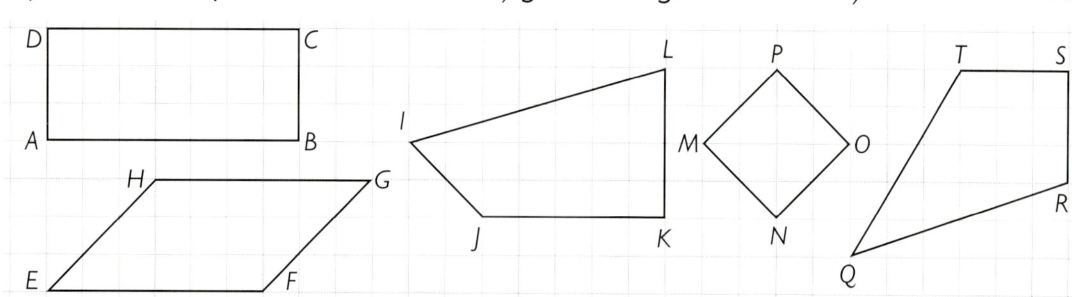

Dreiecke und Vierecke auf einem Geo-Brett

1 Spanne auf einem Geo-Brett Gummis so, dass du diese Dreiecke erhältst:

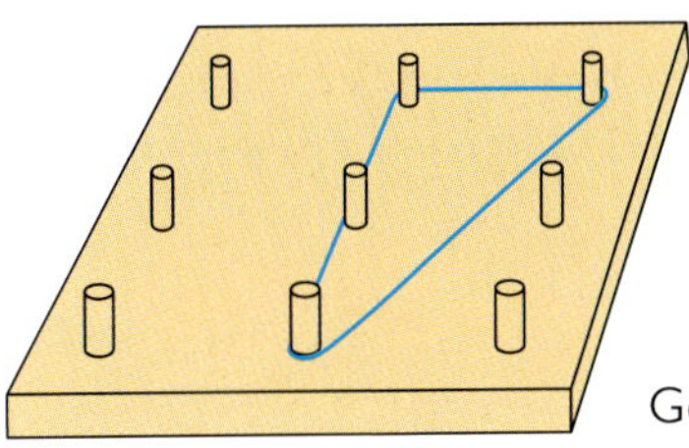

Geo-Brett

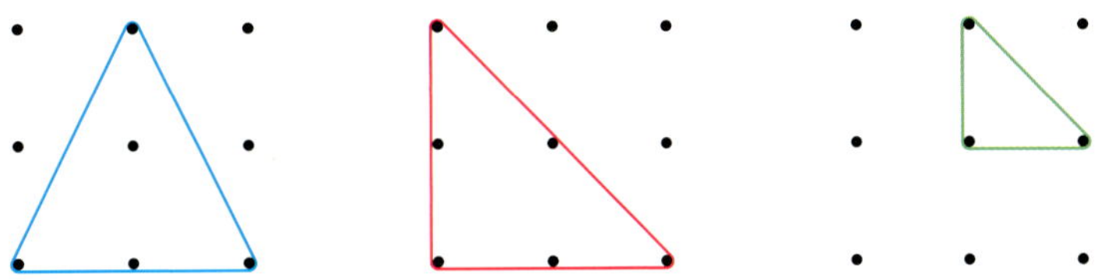

2 Ulrike sucht nach weiteren Dreiecken, die man auf einem Geo-Brett erhalten kann.
Hilf ihr dabei!

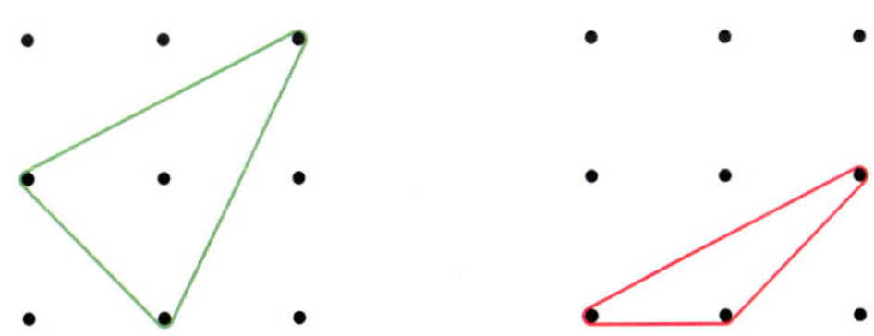

3 a) Spanne auf einem Geo-Brett Gummis so, dass du diese Vierecke erhältst:

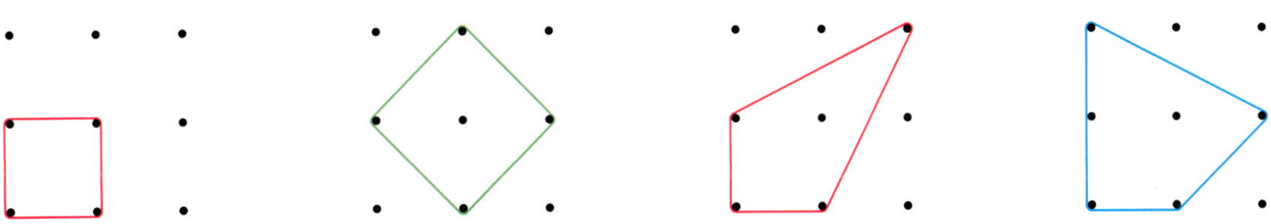

b) Suche nach weiteren Vierecken, die man auf einem Geo-Brett darstellen kann!

c) Spanne auf einem Geo-Brett Gummis zu Figuren mit mehr als vier Ecken!

Rechtecke, Quadrate

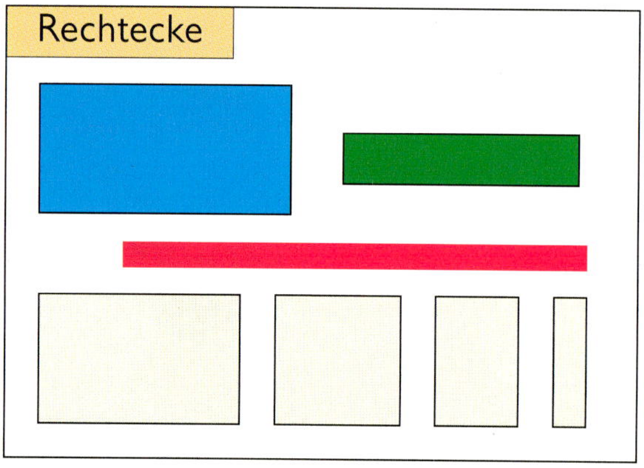

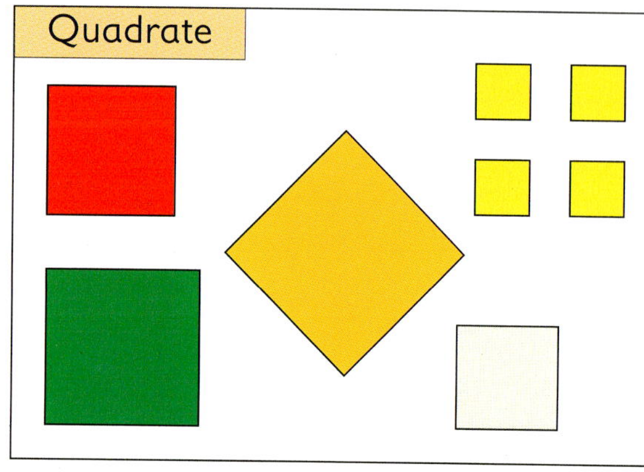

1 Nenne Gegenstände, an denen du Rechtecke oder Quadrate erkennen kannst!

2 a) Lege mit 6 gleich langen Stäbchen ein Rechteck!

b) Lege mit 16 gleich langen Stäbchen ein Rechteck!
Gibt es dafür mehrere Lösungen?

c) Mit wie viel gleich langen Stäbchen kannst du ein Quadrat legen?

3 Lege mit blauen und mit gelben Dreiecken Rechtecke!

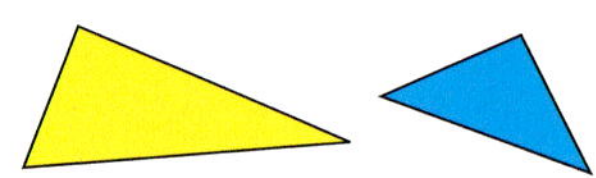

4 Zeichne in deinem Rechenheft Linien so nach, dass verschieden große Rechtecke entstehen!

5 Übertrage die Zeichnungen in dein Heft und ergänze sie zu Quadraten!

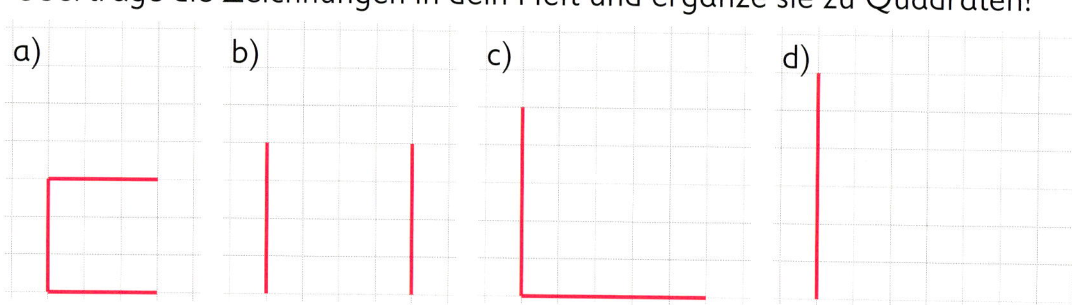

6 Wie viele Rechtecke erkennst du in diesen Figuren?

Zeichnen von Kreisen

1 a) Sieh dir die Bilder genau an! Erläutere, wie man Kreise zeichnen kann!

b) Zeichne je einen Kreis so in dein Heft, wie das Kind auf den Bildern!

c) Dennis sagt, er könne einen Kreis auch mit einem solchen Streifen zeichnen. Finde heraus, wie er das macht!

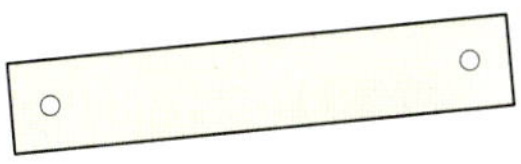

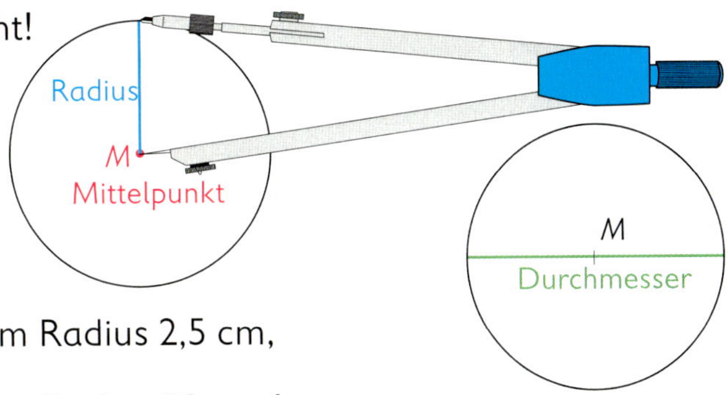

2 Zeichne einen Kreis

a) mit dem Mittelpunkt *M* und dem Radius 3 cm,

b) mit dem Mittelpunkt *S* und dem Radius 2,5 cm,

c) mit dem Mittelpunkt *P* und dem Radius 50 mm!

3

Zeichne mit einem Zirkel die folgenden Muster nach!

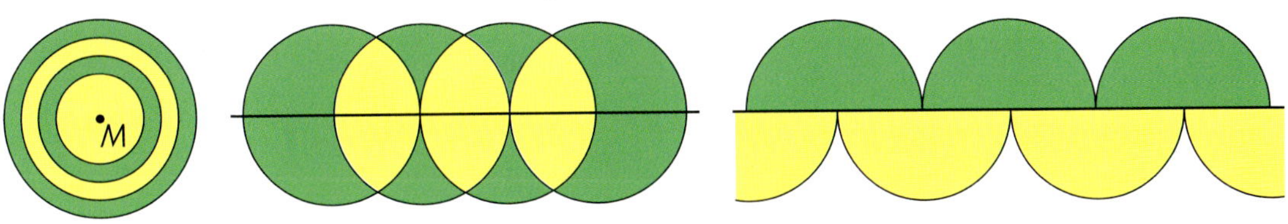

4

Schätze, welche Münzen durch diese Öffnungen passen!
Überprüfe es mit dem Rechengeld!

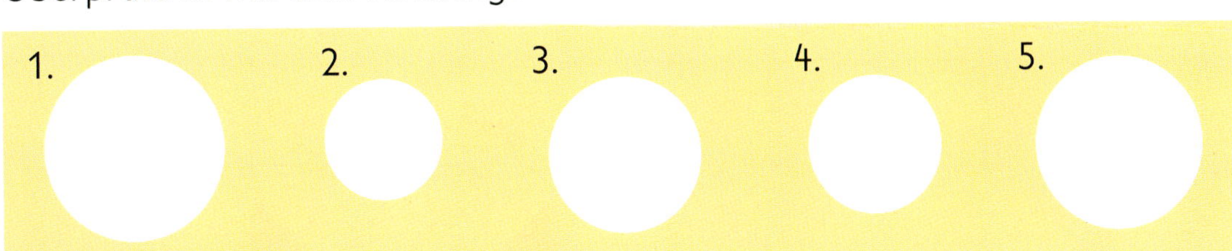

Symmetrische Figuren

1 Erzähle darüber, was du auf den Bildern siehst! Finde Gemeinsames heraus!

2 Theresa hat die folgenden Buchstaben ausgeschnitten:

OLYMPIADE

a) Welche dieser Buchstaben könnte Theresa so falten, dass die beiden Teile *deckungsgleich* sind?

b) Suche nach weiteren Buchstaben, bei denen das so ist!

3 a) Ein Quadrat kann man auf verschiedene Weise so falten, dass die beiden Teile genau aufeinander passen. Prüfe es nach!

1.
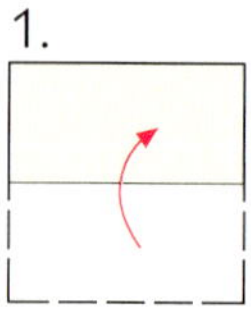
2.
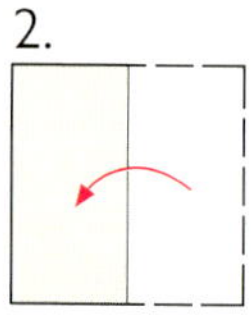
3.
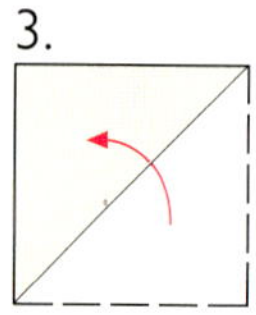
4.
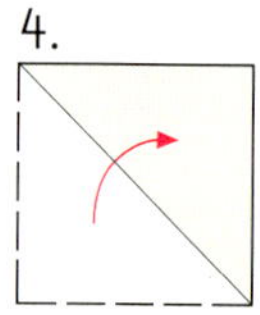

b) Versuche dasselbe mit einem Blatt aus deinem Zeichenblock! Was stellst du fest?

4 Überprüfe mit einem Spiegel, welche Figuren aus zwei deckungsgleichen Teilen bestehen!

a)

b)

c)

d)

Symmetrische Figuren

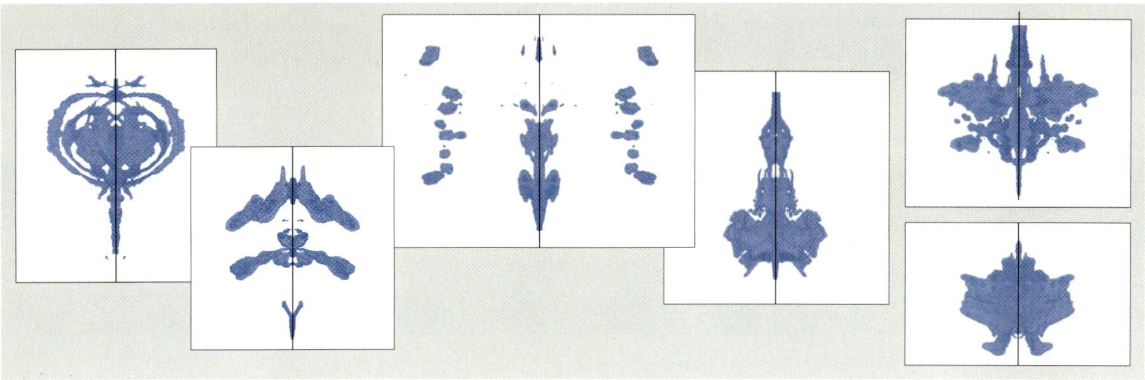

1 a) Stelle selbst unterschiedliche Kleckbilder her!

b) Schneide jedes Kleckbild an der Faltlinie entlang in zwei Teile!

c) Mische die Teile gut durch und setze die Kleckbilder wieder zusammen! Benutze zur Hilfe einen Spiegel!

2 Lege immer zuerst die Figur und dann das Spiegelbild dazu!

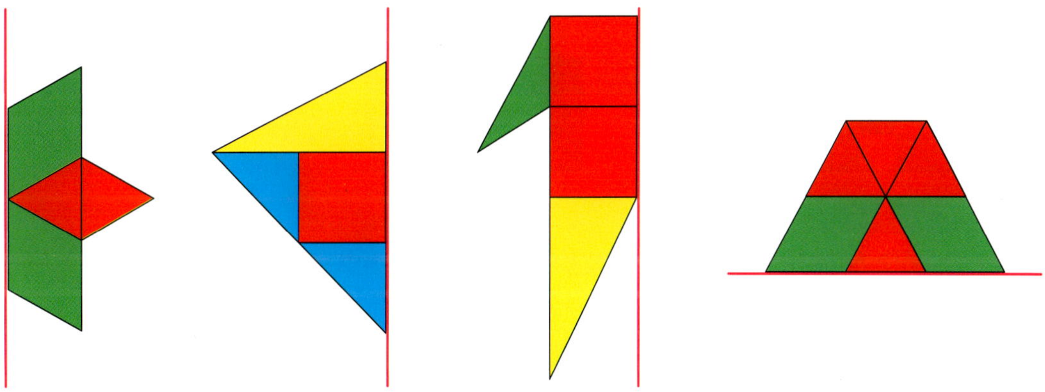

3 a) Übertrage die Zeichnungen auf Kästchenpapier!

b) Zeichne die Spiegelbilder dazu! Male alles aus!

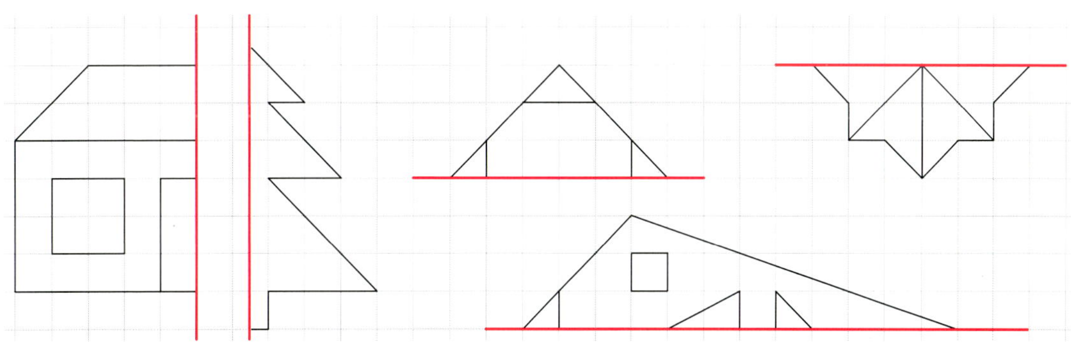

Muster

1 Lege nach! Setze die Muster fort!

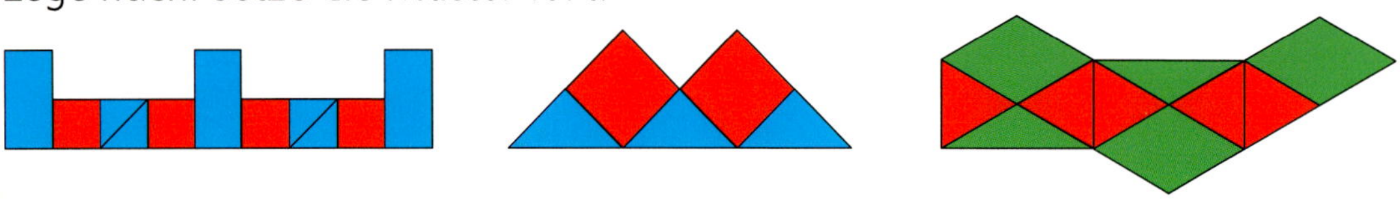

2 Male die Muster in dein Heft und setze sie nach beiden Seiten fort!

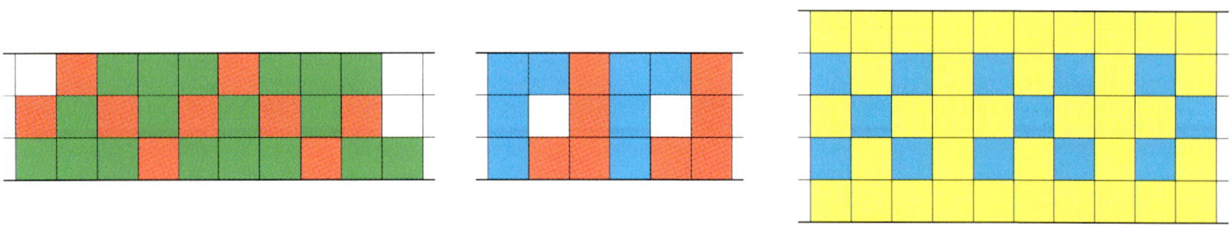

3 Male die Muster in dein Heft! Erfinde selbst neue Muster!

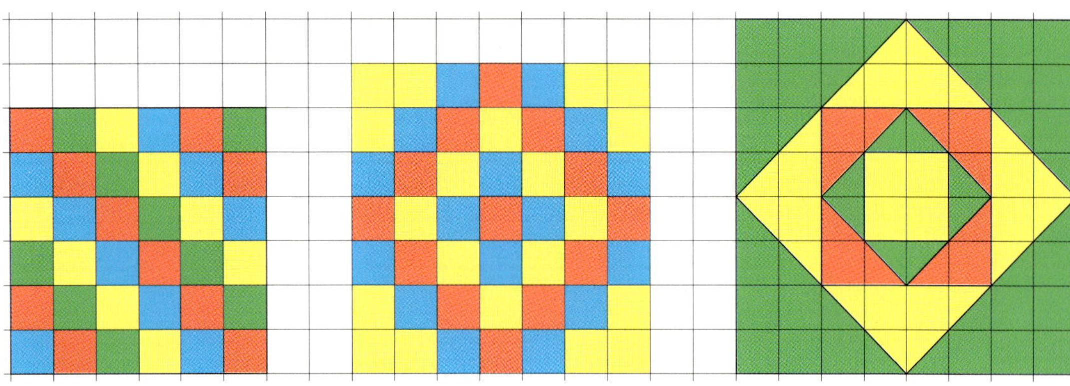

4 Stelle bei allen Mustern dieser Seite fest, ob man sie so falten kann, dass die beiden entstehenden Teile deckungsgleich sind!
Prüfe das mit einem Spiegel nach!

Würfel und andere Körper

1 Alina soll Gegenstände angeben, die die Form eines Würfels haben.
Sie nennt einen Würfel aus ihrem Baukasten, einen Spielwürfel,
einen Mauerstein, ein Stück Würfelzucker.
Hat sie Recht?

2

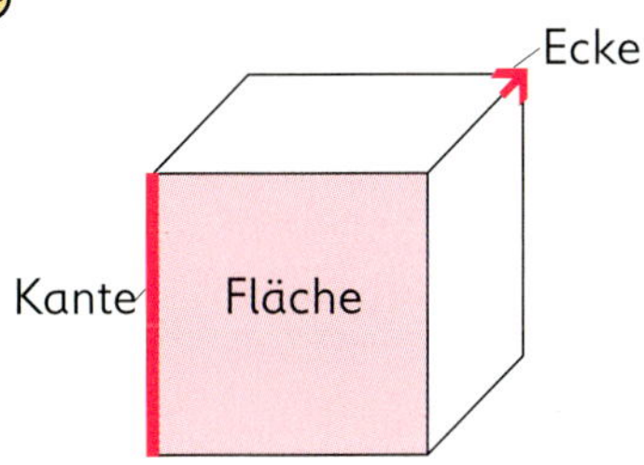

Jeder Würfel hat *Ecken, Kanten* und *Flächen*.

a) Wie viele von jeder Art sind es?

b) Welche Form haben die Flächen eines Würfels?

c) Vergleiche die Längen der Kanten eines Würfels!

3

Nimm eine leere Streichholzschachtel zur Hand!

a) Wie viele Ecken, wie viele Kanten und
wie viele Flächen erkennst du?

b) Welche Formen haben die Flächen?

c) Vergleiche die Längen der Kanten!

d) Zeige Kanten, die zueinander senkrecht sind!

e) Zeige Kanten, die zueinander parallel sind!

f) Nenne weitere Gegenstände, die die gleichen Eigenschaften haben!

Quader

4 Gibt es Gegenstände, die weniger als 8 Ecken haben?
Zeige und nenne solche Gegenstände!

5

Begründe, weshalb diese Gegenstände
keine Würfel und keine Quader sind!

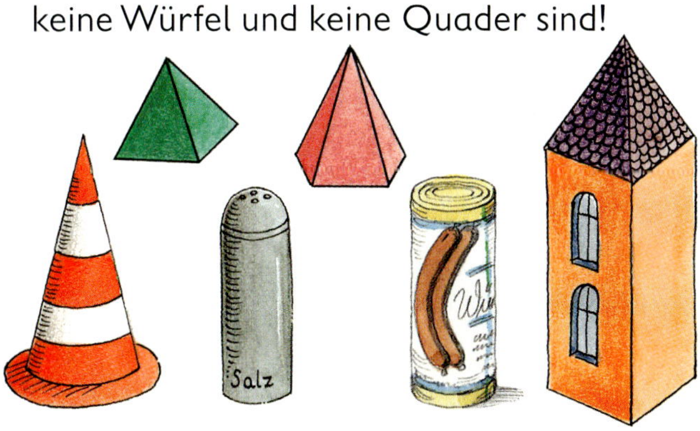

6

Als Beispiele für Kugeln
nennt Kim
einen Tennisball,
einen Federball,
eine Perle,
eine Murmel,
eine Eiskugel.

Ist das alles richtig?

Legen und Bauen

1 Darunter oder darüber?
Lege die Teile
des Figurensatzes
so auf den Tisch!

2 An den drei Körpern erkennst du Dreiecke und Vierecke.
Wähle aus deinem Figurensatz alle entsprechenden Teile aus
und lege sie auf den Tisch!

3 Zwei gleich große Würfel
kann man so zusammenlegen:

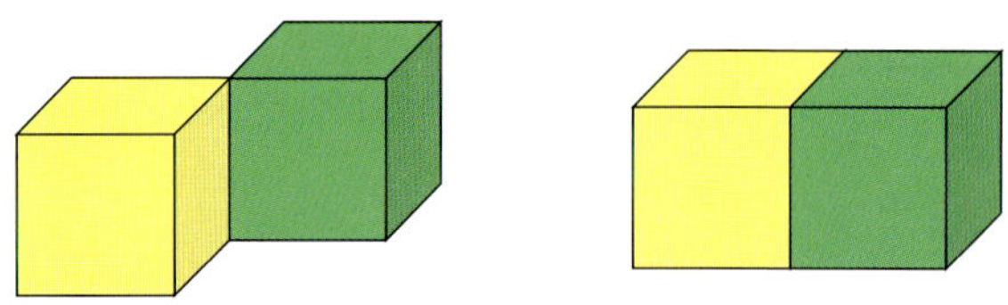

Welche Möglichkeiten findest du für drei gleich große Würfel?

4 Tom hat einen Baukasten mit 15 roten, 15 blauen, 15 grünen
und 15 gelben Würfeln, die alle gleich groß sind.

a) Kann er damit alle drei
Bauwerke zusammensetzen?
Begründe deine Antwort!

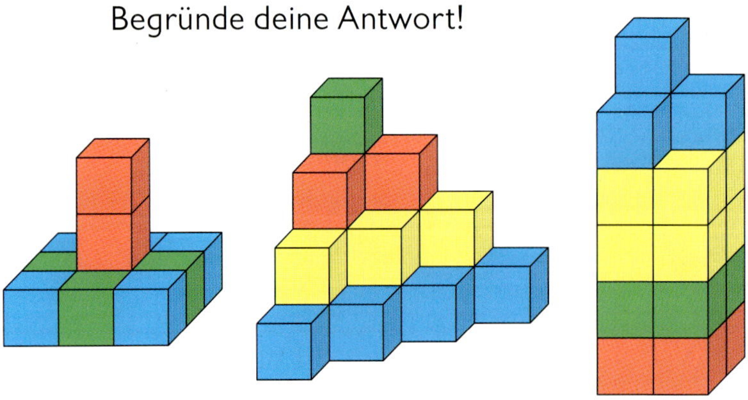

b) Reichen Toms Würfel
auch zum Bauen
dieses Würfels aus?

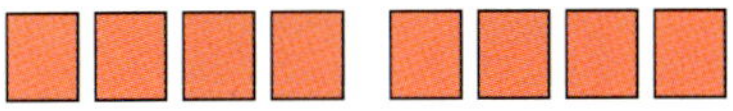

4 + 4 = 2 · 4

· ist das Zeichen für **mal**.

1

3 + 3 + 3 = ☐
☐ · 3 = ☐

2 + 2 + 2 = ☐
☐ · 2 = ☐

5 + 5 = ☐
☐ · 5 = ☐

2

Schreibe Plus-Aufgaben und Mal-Aufgaben!

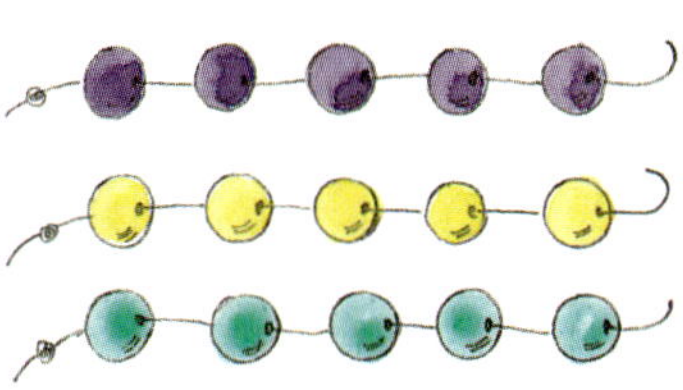

5 + 5 + 5 = 15
3 · 5 = 15

a) 

b) 

c) 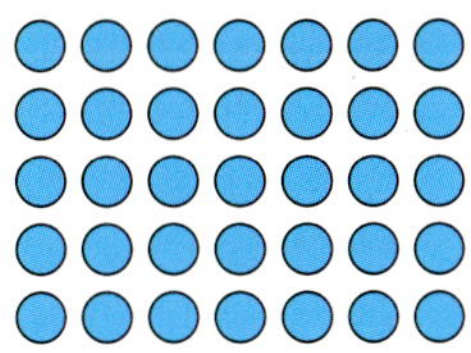

d) 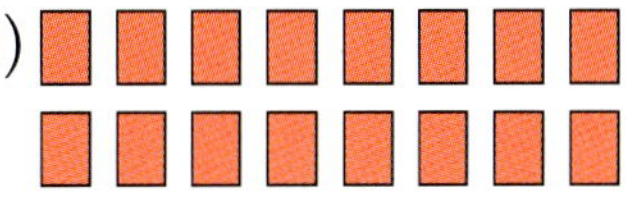

3

Lege mit Plättchen und rechne!
Schreibe zu jeder Plus-Aufgabe eine zugehörige Mal-Aufgabe!

a) 6 + 6 + 6
4 + 4 + 4 + 4

b) 10 + 10
9 + 9 + 9

c) 3 + 3 + 3 + 3 + 3 + 3
5 + 5 + 5 + 5

Multiplizieren

1 Wie viel Geld hat jedes Kind?

2

a)

1 ct + 1 ct + 1 ct + 1 ct + 1 ct + 1 ct + 1 ct = ct
7 · 1 ct = ct

b)

3 · 2 ct	5 · 5 ct	8 · 1 ct	4 · 4 ct	8 · 4 ct
9 · 2 ct	3 · 5 ct	8 · 10 ct	4 · 10 ct	9 · 3 ct

3

Peter bringt zweimal so viele Flaschen zum Sammelbehälter wie Tom.

4

Fass dreimal in deine Schulmappe und nimm immer 2 Hefte heraus! Wie viele Hefte hast du insgesamt herausgeholt?

5

Frau Müller stellt zweimal 4 Teller auf den Tisch. Wie viele Teller sind das insgesamt?

6

Karl hat eine 2 cm lange Strecke gezeichnet. Lisa hat eine fünfmal so lange Strecke gezeichnet. Wie lang ist Lisas Strecke?

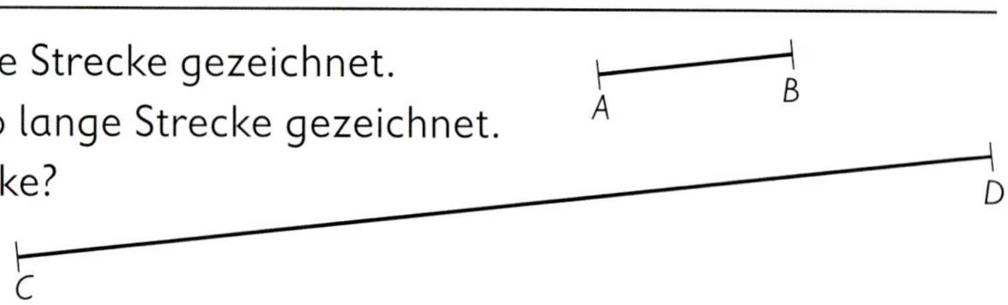

Multiplizieren

Kira rechnet: $4 + 4 + 4 + 4 + 4 = 20$ Jan rechnet: $5 + 5 + 5 + 5 = 20$

$5 \cdot 4 = 4 \cdot 5$

1

Schreibe immer eine Mal-Aufgabe und die Tauschaufgabe!

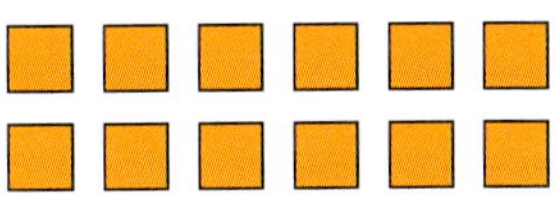

$2 \cdot 6 = 12$
$6 \cdot 2 = 12$

a) 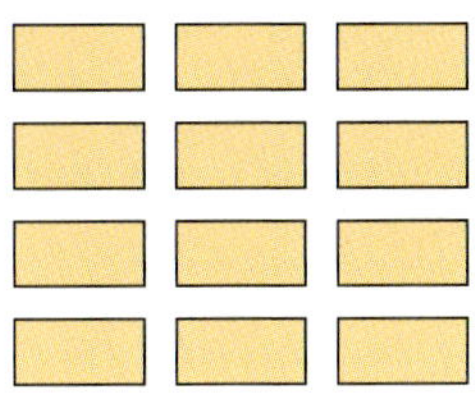

b) 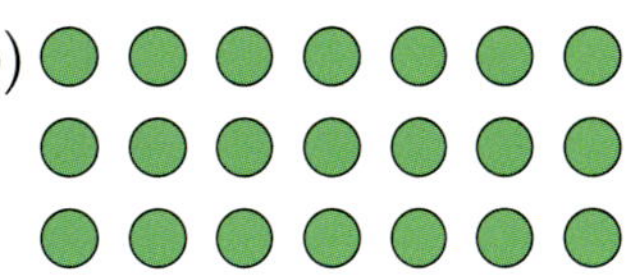

2

Wie viele verschiedene Möglichkeiten hat Lena, sich ein T-Shirt und eine Hose anzuziehen?

Lösung:

$2 \cdot 3 = 6$
$3 \cdot 2 = 6$

3

Stellt aus 3 Mädchen und 3 Jungen eurer Klasse Tanzpaare zusammen, sodass immer ein Junge und ein Mädchen ein Paar bilden! Wie viele verschiedene Tanzpaare könnt ihr bilden?

Dividieren

6 : 3 = 2	**:** ist das Zeichen für **geteilt durch**.

1 Verteile gleichmäßig!

a) 4 Äpfel an 2 Kinder

4 : 2 =

b) 12 Birnen an 6 Kinder

c) 20 Pflaumen an 5 Kinder

d) 24 Kirschen an 8 Kinder

e) 14 Mandarinen an 7 Kinder

f) 21 Nüsse an 3 Kinder

2 Verteile die Stäbchen immer gleichmäßig an 3 Kinder!
Wie viele Stäbchen erhält dann jedes Kind?

a) 6 Stäbchen b) 9 Stäbchen c) 15 Stäbchen

d) 24 Stäbchen e) 30 Stäbchen f) 12 Stäbchen

3 Verteile gleichmäßig an 4 Kinder!
Wie viel Geld erhält dann jedes Kind? Schreibe die Geteilt-Aufgaben!

a) 

8 € : 4 = €

b) 

c) 

d) 

4

Scherzaufgabe:
In einem Korb liegen 5 Äpfel. Wie verteilt man diese Äpfel so an 5 Mädchen, dass jedes einen Apfel erhält und einer im Korb bleibt?

Dividieren

1 Wie viele Tüten füllt die Verkäuferin jeweils?

a) 15 Zitronen in Tüten zu je 3 Zitronen

b) 30 Apfelsinen in Tüten zu je 10 Apfelsinen

c) 25 Tomaten in Tüten zu je 5 Tomaten

d) 24 Äpfel in Tüten zu je 6 Äpfeln

2 Teile so auf, dass immer 4 Plättchen ein Bündel bilden!
Wie viele Bündel entstehen jeweils? Schreibe die Geteilt-Aufgaben!

a) b) c) d)

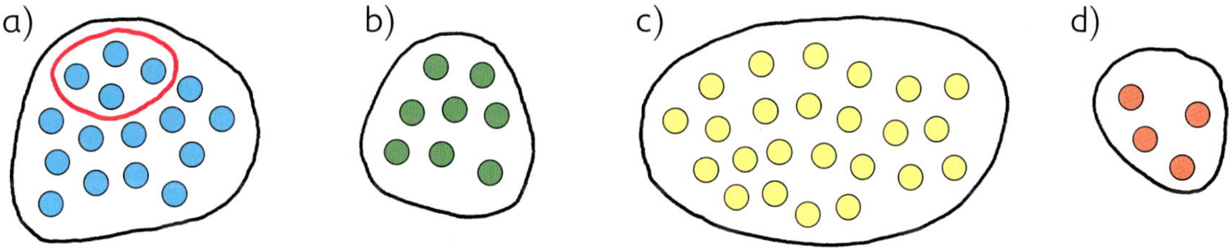

16 : 4 =

3

Teile eine 12 cm lange Strecke

a) in 2 cm lange Teilstrecken,

b) in 4 cm lange Teilstrecken,

c) in 6 cm lange Teilstrecken!

Wie viele Teilstrecken entstehen jeweils?

4

In der Klasse 2b sind insgesamt 20 Schüler.
Heute arbeitet die Klasse in Gruppen mit jeweils 4 Kindern.
In wie viele Gruppen ist die Klasse aufgeteilt?

Dividieren

20 : 4 = 5, denn 5 · 4 = 20

1 Lege und rechne!
Begründe deine Lösung immer mit der Umkehraufgabe!

a) 16 : 8
18 : 2

b) 14 : 1
5 : 5

c) 28 : 7
24 : 6

d) 10 : 1
9 : 9

e) 20 : 10
27 : 9

2

a) $4 \underset{:2}{\overset{\cdot 2}{\rightleftarrows}} \square$

b) $8 \underset{:3}{\overset{\cdot 3}{\rightleftarrows}} \square$

c) $\square \underset{:4}{\overset{\cdot 4}{\rightleftarrows}} 20$

d) $\square \underset{:5}{\overset{\cdot 5}{\rightleftarrows}} 25$

3 Bilde und löse immer 2 Mal-Aufgaben und 2 Geteilt-Aufgaben!

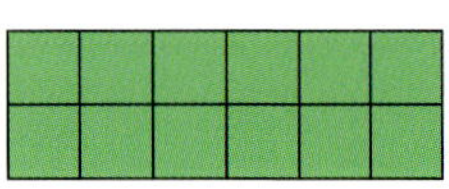

2 · 6 = 12
6 · 2 = 12
12 : 2 = ☐
12 : 6 = ☐

a)
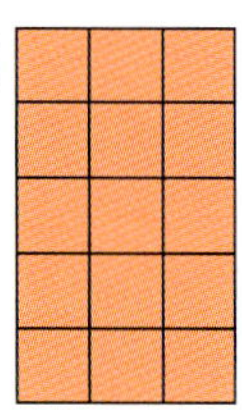

b)
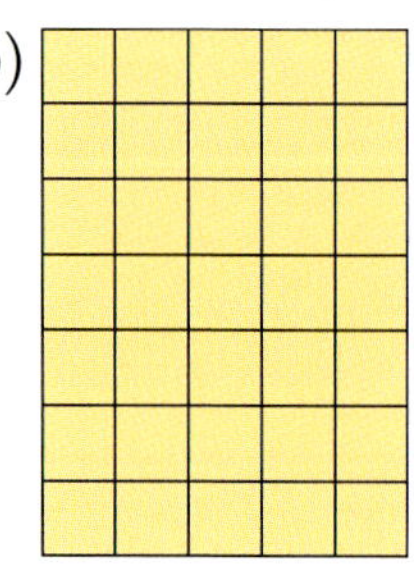

c)
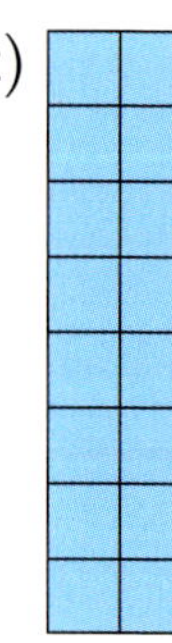

4 Suche immer 3 Zahlen heraus und bilde jeweils 4 Gleichungen!

Multiplizieren mit 2

$2 + 2 + 2 = 6$
$3 \cdot 2 = 6$

1 $2 + 2 + 2 + 2 = \square$
$\square \cdot 2 = \square$

2 Lege und rechne!
$10 \cdot 2$, $3 \cdot 2$, $5 \cdot 2$, $8 \cdot 2$, $2 \cdot 2$, $7 \cdot 2$

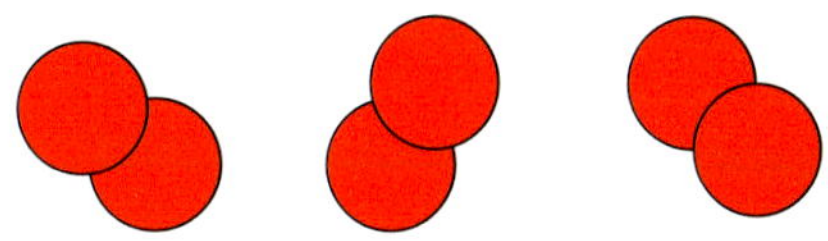

3

$4 \cdot 2 = 8$
$1 \cdot 2 = 2$
$5 \cdot 2 = 10$

Berechne $6 \cdot 2$!

$10 \cdot 2 = 20$
$1 \cdot 2 = 2$
$9 \cdot 2 = 18$

Berechne $8 \cdot 2$!

4 Nenne die Malfolge der 2!

$1 \cdot 2 = \square$
$2 \cdot 2 = \square$
$3 \cdot 2 = \square$
$4 \cdot 2 = \square$
$5 \cdot 2 = \square$
$6 \cdot 2 = \square$
$7 \cdot 2 = \square$
$8 \cdot 2 = \square$
$9 \cdot 2 = \square$
$10 \cdot 2 = \square$

5 Schreibe immer eine Mal-Aufgabe und ihre Tauschaufgabe!

a)

b)

c)

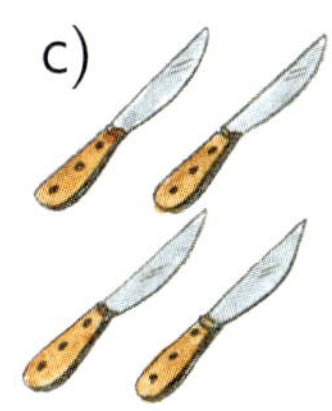

6 Zähle in Zweierschritten, beginne bei Null! Bis zu welcher Zahl kommst du mit 3 Zweierschritten,
5 Zweierschritten,
7 Zweierschritten?

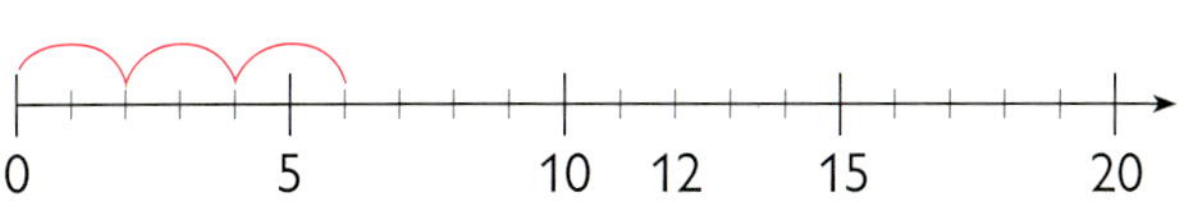

7 Ron hat zum Geburtstag ein Modellauto bekommen.
Das Auto hat vorn zwei Räder,
hinten zwei Räder,
links zwei Räder und
rechts zwei Räder.
Wie viele Räder hat das Auto?

Dividieren durch 2

1 Verteile die abgebildeten Gegenstände gerecht an zwei Kinder!

2 Lege und rechne!
Begründe mit der Mal-Aufgabe!

6 : 2 = 3, denn 3 · 2 = 6
12 : 2 = ▢, denn ▢ · 2 = 12
8 : 2 = ▢, denn ▢ · 2 = 8
20 : 2 = ▢, denn ▢ · 2 = 20
2 : 2 = ▢, denn ▢ · 2 = 2
16 : 2 = ▢, denn ▢ · 2 = 16

3 Schreibe immer zwei Mal-Aufgaben und zwei Geteilt-Aufgaben!

a) b) c) d)

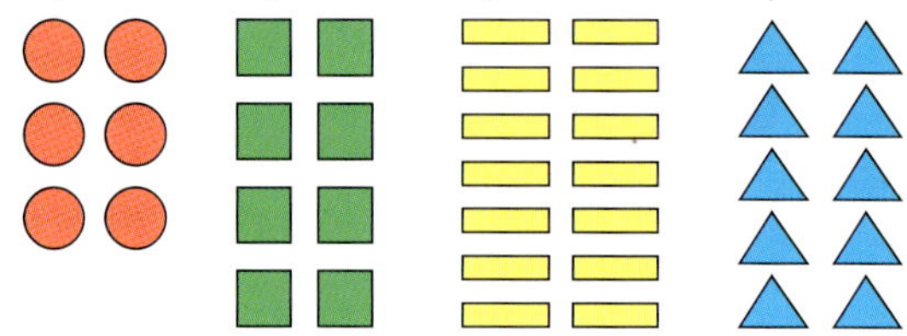

4 Erzähle Rechengeschichten!

a) 4 : 2 b) 18 : 2 c) 2 : 2
d) 6 : 2 e) 10 : 2 f) 14 : 2

5 <, > oder =?

16 : 2 ◯ 9 20 : 2 ◯ 9 14 : 2 ◯ 7
10 : 2 ◯ 2 18 : 2 ◯ 8 2 : 2 ◯ 2

6 Lea trainiert im Radsportverein. Ihre Trainingsgruppe hat 16 neue Reifen bekommen. Wie viele Fahrräder können damit vollständig neu bereift werden?

7 In der Klasse 2b lernen 20 Kinder. Sie sitzen immer zu zweit am Tisch. An wie vielen Tischen sitzen Kinder?

8 An Bens Wohnhaus müssen 18 m Dachrinne ausgewechselt werden. Ein Stück Dachrinne ist 2 m lang. Wie viele Stücke werden gebraucht?

Verdoppeln und Halbieren

2 · 5 = 10
Wenn man 5 mit 2 malnimmt, dann erhält man das **Doppelte** von 5.

10 : 2 = 5
Wenn man 10 durch 2 teilt, dann erhält man die **Hälfte** von 10.

1 Nenne das Doppelte von
1, 8, 4, 10 und 7!

2 Nenne die Hälfte von
4, 18, 14, 6 und 20!

3

4 Verdopple!
2 €, 7 €, 6 €, 5 €, 4 €, 3 €

5 Halbiere!
6 €, 12 €, 16 €, 18 €, 3 €

6 Nora hat 2 Lineale. Das eine Lineal ist 10 cm lang.
Das andere Lineal ist doppelt so lang wie das erste Lineal.

a) Wie lang ist das zweite Lineal?

b) Passt das zweite Lineal in Noras 18 cm lange Federtasche?

Gerade und ungerade Zahlen

Alle Zahlen, die sich halbieren lassen, sind **gerade** Zahlen.

Alle Zahlen, die sich nicht halbieren lassen, sind **ungerade** Zahlen.

1 Welche Ergebnisse sind gerade Zahlen?

a)	b)	c)	d)
9 + 9	5 · 2	6 + 9 + 3	66 − 54
8 + 7	2 · 8	8 + 8 + 4	81 − 68
24 − 5	14 : 2	31 − 10 − 8	52 − 35
43 − 39	16 : 2	54 − 21 − 14	70 − 59

2 Nenne alle geraden Zahlen zwischen 8 und 18!

3 Welche Zahlen zwischen 11 und 21 sind ungerade Zahlen?

4

1. Wähle eine beliebige gerade Zahl!
2. Bestimme den Vorgänger und den Nachfolger der gewählten Zahl!
3. Stelle fest, ob der Vorgänger und der Nachfolger auch gerade Zahlen sind!

5

Spielanleitung
Jedes Kind würfelt mit 3 Würfeln und zählt dann seine Augenzahlen zusammen. Wer eine gerade Zahl als Summe erhält, bekommt einen Punkt. Sieger ist, wer zuerst 10 Punkte erreicht hat.

Gerade und ungerade Zahlen

Alle geraden Zahlen enden auf 0, 2, __, __ oder __.

1 Gerade oder ungerade? Begründe deine Entscheidungen!

a) 54, 67, 46, 78, 35, 87, 100

b) 90, 21, 89, 66, 73, 38, 83

c) der Vorgänger von 42

d) der Nachfolger von 69

2 Nenne alle ungeraden Zahlen zwischen 36 und 48!

3 Welche Zahlen zwischen 87 und 100 sind gerade Zahlen?

4 Übertrage die Tabelle in dein Heft und trage die Ergebnisse ein!

gerade Zahlen	ungerade Zahlen

a) 63 + 24 = __
35 + 48 = __
17 + __ = 55
28 + __ = 64

b) 98 − 56 = __
73 − 33 = __
61 − __ = 48
85 − __ = 26

c) 4 · 2 = __
2 · __ = 10
12 : 2 = __
18 : __ = 2

5 Gerade oder ungerade Zahlen?

a) die Anzahl der Seiten deines Mathematikheftes

b) die Anzahl deiner Buntstifte

c) die Anzahl deiner Zähne

d) die Anzahl der Blätter eines Kleeblattes

6 Was sagst du dazu?
Anton behauptet:
„Mein Lesezeichen liegt zwischen den Seiten 33 und 34."

Multiplizieren mit 10

10 + 10 + 10 + 10 = 10

4 · 10 = 40

1 10 + 10 + 10 + 10 + 10 = ☐

☐ · 10 = ☐

2 Lege und rechne!

3 · 10, 10 · 10, 2 · 10, 8 · 10

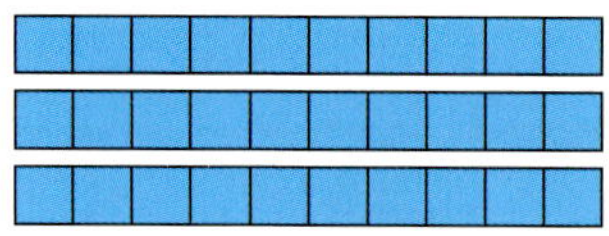

3

a) Verdopple!

3 · 10 = 30
6 · 10 = ☐

b) Halbiere!

10 · 10 = 100
5 · 10 = ☐

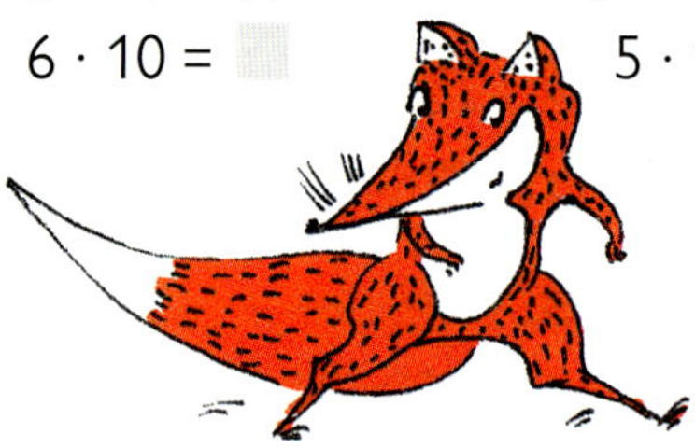

c) Einmal 10 dazu!

6 · 10 = 60
1 · 10 = 10
7 · 10 = ☐

d) Einmal 10 weg!

10 · 10 = 100
1 · 10 = 10
9 · 10 = ☐

4

Nenne die Malfolge der 10!

1 · 10 = ☐
2 · 10 = ☐
3 · 10 = ☐
4 · 10 = ☐
5 · 10 = ☐
6 · 10 = ☐
7 · 10 = ☐
8 · 10 = ☐
9 · 10 = ☐
10 · 10 = ☐

5

Aufgabe und Tauschaufgabe

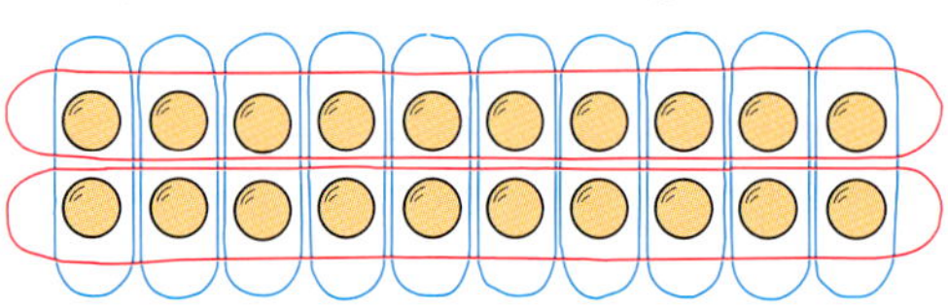

2 · 10 = 20   10 · 2 = 20

a) 6 · 10 = ☐
10 · 6 = ☐

b) 3 · 10 = ☐
10 · 3 = ☐

c) 1 · 10 = ☐
10 · 1 = ☐

d) 5 · 10 = ☐
10 · 5 = ☐

6 Ein Gärtner möchte ein Erdbeerbeet mit 8 Reihen anlegen. In jeder Reihe sollen 10 Pflanzen stehen. Wie viele Pflanzen braucht der Gärtner?

Dividieren durch 10

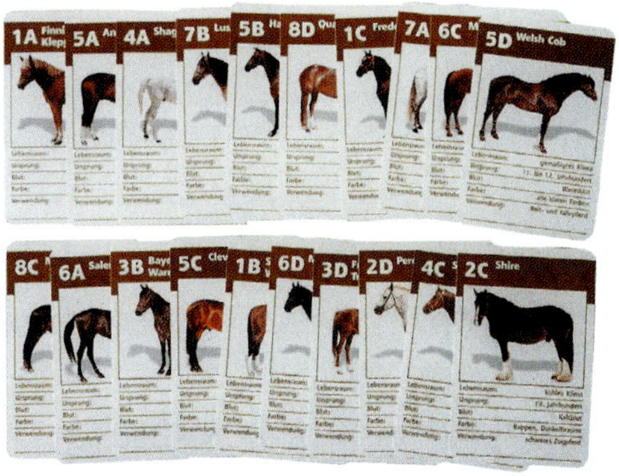

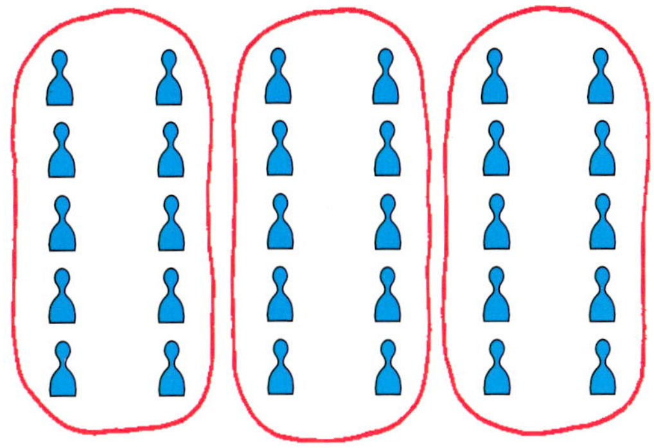

20 : 10 = 2, denn
2 · 10 = 20

1 30 : 10 = ___, denn ___ · 10 = 30

2 Lege und rechne! Prüfe mit der Mal-Aufgabe!
10 : 10, 100 : 10, 80 : 10, 70 : 10, 50 : 10, 40 : 10

3 Schreibe immer eine Mal-Aufgabe und eine Geteilt-Aufgabe!

a)

b)

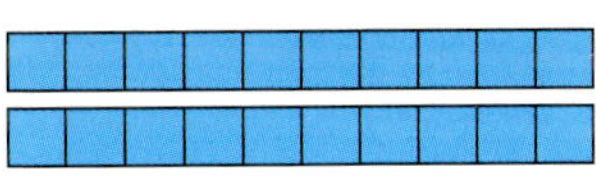

c)

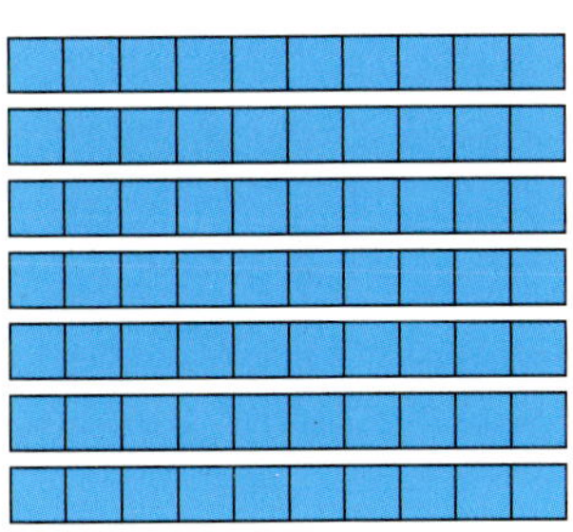

4

a) 3 —(· 10)→ ___
9 —(· 10)→ ___

b) ___ —(· 10)→ 70
___ —(· 2)→ 20

c) 90 —(: 10)→ ___
60 —(: 10)→ ___

d) ___ —(: 10)→ 2
___ —(: 2)→ 5

5 Vergleiche!

a) 3 · 10 ◯ 20
7 · 10 ◯ 90
2 · 10 ◯ 20

b) 90 : 10 ◯ 20
50 : 10 ◯ 4
80 : 10 ◯ 8

6 Juliane hat 60 Aufkleber gesammelt.
Sie klebt immer 10 auf eine Seite.
Wie viele Seiten benötigt Juliane?

7 Sven hat 40 € in seinem Sparschwein.
Er möchte sich dafür Bücher kaufen.

Multiplizieren mit 5

$5 + 5 + 5 = 15$
$3 \cdot 5 = 15$

1 $5 + 5 + 5 + 5 + 5 =$
$\quad \cdot 5 =$

2 Lege und rechne!

$2 \cdot 5 = 10$

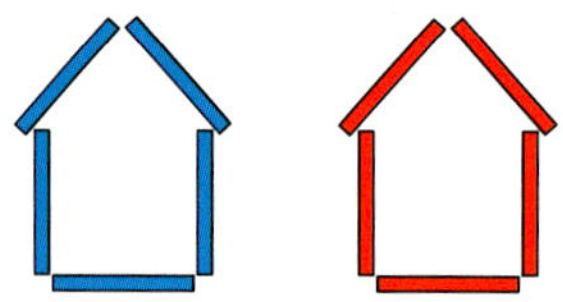

a) $4 \cdot 5$ | $1 \cdot 5$
b) $3 \cdot 5$ | $8 \cdot 5$

3

a) Löse die Tauschaufgaben!
$5 \cdot 10 = 50$
$10 \cdot 5 =$

b) Verdopple!
$3 \cdot 5 = 15$
$6 \cdot 5 =$

c) Verdopple und halbiere!
$2 \cdot 10 = 20$
$4 \cdot 5 =$

d) Einmal 5 dazu!
$6 \cdot 5 =$
$1 \cdot 5 =$
$7 \cdot 5 =$

e) Einmal 5 weg!
$10 \cdot 5 =$
$1 \cdot 5 =$
$9 \cdot 5 =$

f) Zähle zusammen!
$5 \cdot 5 =$
$3 \cdot 5 =$
$8 \cdot 5 =$

4 Löse die Mal-Aufgabe und die Tauschaufgabe!

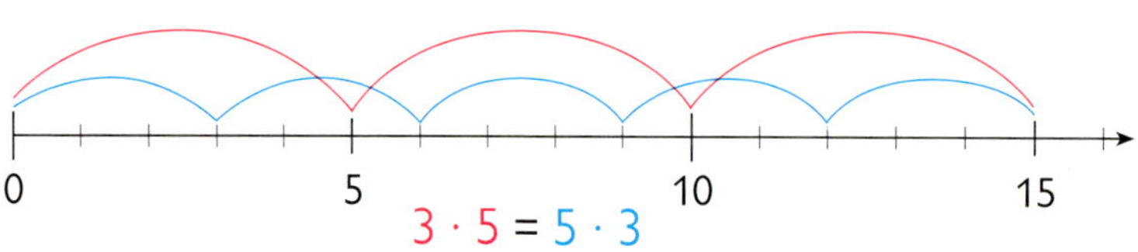

a) $3 \cdot 5$ | $5 \cdot 3$
b) $4 \cdot 5$ | $5 \cdot 4$
c) $2 \cdot 5$ | $5 \cdot 2$
d) $7 \cdot 5$ | $5 \cdot 7$

5 Jedes Auto braucht etwa 5 m Platz zum Parken.
Schätze die Länge des Parkplatzes!

Dividieren durch 5

1 Verteile gleichmäßig!

15 : 5 = __, denn __ · 5 = 15 30 : 5 = __, denn __ · 5 = 30

2 Lege und rechne!

a) 45 : 5 = __
5 : 5 = __

b) 10 : 5 = __
40 : 5 = __

c) __ : 5 = 10
__ : 5 = 7

d) __ : 5 = 5
__ : 5 = 8

3 Schreibe zu jedem Bild eine Mal-Aufgabe, die Tauschaufgabe und beide Umkehraufgaben!

a) 

b) 

c) 

4 Rechne Mal-Aufgaben und Geteilt-Aufgaben!

a) 10
1 · 10
__ · 5
__ · __

b) 5
50 : 10
__ : 2
25 : __

c) 20
2 · __
__ · 5
__ · __

d) 7
70 : __
__ : 5
14 : __

5 Tinos Mutter hat für 15 € Weintrauben gekauft. Wie viele Körbchen hat sie bekommen?

6 Ein Obsthändler hat eine Kiste mit 45 Pfirsichen. Er legt immer fünf Pfirsiche in eine Tüte. Wie viele Tüten werden gefüllt?

Aufgaben mit zwei Rechenoperationen

1 Wie viele Vögel sind es?

1 + 3 · 5

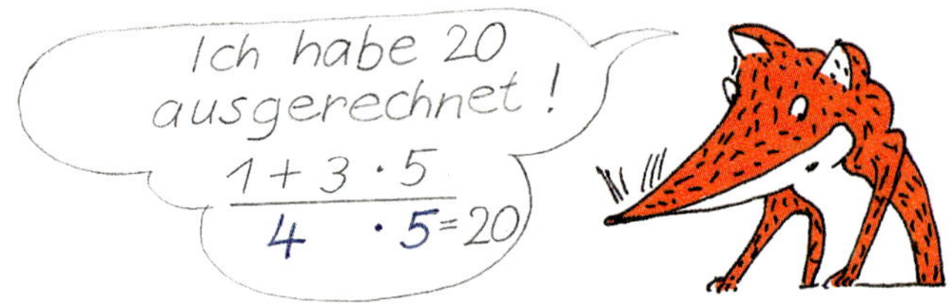

Welcher Rechenweg ist richtig? Prüfe am Bild!

2

Lege und rechne!

a)	b)	c)	d)	e)
1 + 4 · 5	30 − 2 · 10	9 + 6 · 2	25 − 9 · 2	18 − 2 · 5
7 · 2 + 3	5 · 5 − 4	8 + 3 · 5	4 · 10 − 13	37 − 2 · 10
5 + 2 · 10	9 − 3 · 2	7 · 5 − 21	7 · 5 − 21	8 · 2 − 9

3 Ergänze!

a)	b)	c)	d)
38 = 3 · 10 + ☐	19 = 9 · 2 + ☐	47 = 9 · 5 + ☐	46 = 5 · 10 − ☐
67 = ☐ · 10 + 7	13 = ☐ · 2 + 3	39 = ☐ · 5 + 4	17 = 10 · 2 − ☐

4 <, > oder =?

a)	b)	c)	d)
8 · 2 ○ 17	5 + 9 · 10 ○ 90	17 + 3 · 2 ○ 23	4 · 10 − 22 ○ 28
7 · 5 ○ 35	8 · 5 − 6 ○ 30	4 · 5 − 8 ○ 15	7 · 2 + 37 ○ 30

5

Wer angelt die meisten Fische?
Würfle mit 3 Würfeln!
Schreibe mit +, −, · eine passende Aufgabe!

5 + 4 + 3 = 12
oder
3 · 5 + 4 = 19

Aufgaben mit zwei Rechenoperationen

1 Wie viele Netze mit je 5 Nektarinen werden es insgesamt?

20 : 5 + 5

Wer hat richtig gerechnet?

2

a) 2 + 70 : 10
16 : 2 + 5
9 + 25 : 5

b) 90 : 10 − 9
10 − 35 : 5
8 − 10 : 2

c) 9 + 12 : 2
43 − 25 : 5
50 : 10 + 27

d) 60 : 10 + 38
11 − 8 : 2
62 − 15 : 5

3 Ingos Füller hat gekleckst. Wie heißen die Aufgaben?

a) 3 · 5 + 1 = 16
4 ● 10 ● 5 = 35
9 ● 2 ● 9 = 9

b) 11 ● 2 ● 2 = 15
23 ● 4 ● 5 = 3
32 ● 2 ● 10 = 12

c) 100 ● 10 ● 1 = 11
15 ● 5 ● 7 = 10
16 ● 2 ● 2 = 6

4

Kannst du die Geheimschrift lesen?

| 4 + 8 · 2 | 3 · 10 − 7 | 13 + 20 : 5 | 5 · 10 + 12 | * | 14 − 16 : 2 | 70 : 10 − 5 | 13 + 7 · 2 |

2 = U, 6 = G, 17 = H, 20 = S, 23 = E, 27 = T, 62 = R

Schreibe deinem Banknachbarn eine geheime Nachricht!

5

Ein Bäcker hat in seinem Korb 70 frische Brötchen. Er verkauft davon dreimal zehn Brötchen und dann noch einmal fünf Brötchen. Wie viele Brötchen verbleiben im Korb?

6

Utes Vater hat auf dem Hof sechs Reihen mit je fünf Platten gelegt. Eine Fünferreihe will er noch legen. Wie viele Platten braucht er insgesamt?

Teilbarkeitsregeln für 2, 5, 10

6 ist durch 2 teilbar.

5 ist nicht durch 2 teilbar.

1 a) Suche vier Zahlen heraus, die durch 2 teilbar sind!

b) Suche vier Zahlen heraus, die nicht durch 2 teilbar sind!

c) Was fällt dir auf?

2 „Die durch 10 teilbaren Zahlen findet man leicht“, sagt Karin. Warum?

3

a) Zeichne ein Hunderterfeld in dein Heft!

b) Trage in das Hunderterfeld Zahlen ein, die durch 5 teilbar sind! Was fällt dir auf?

c) Welche der eingetragenen Zahlen sind zwar durch 5, aber nicht durch 10 teilbar?

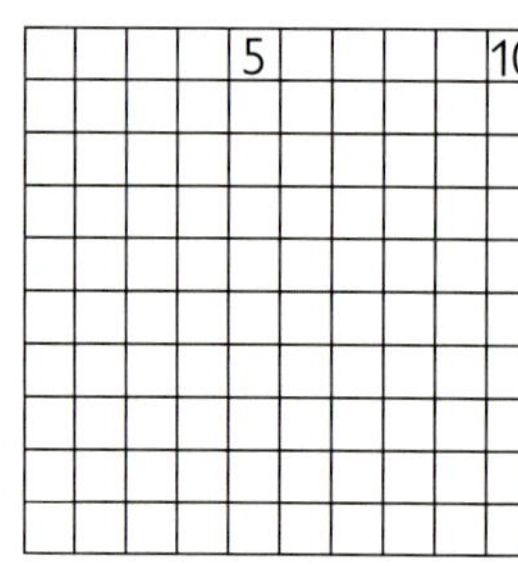

4 a) Schreibe alle Zahlen zwischen 9 und 15 auf, die durch 2 teilbar sind!

b) Schreibe alle Zahlen zwischen 11 und 59 auf, die durch 10 teilbar sind!

5 Rico denkt sich eine Zahl, die größer als 19 und kleiner als 29 ist. Diese Zahl ist durch 5, aber nicht durch 10 teilbar.

6 Ergänze!

Alle Zahlen, die durch 10 teilbar sind, enden auf ___.

Alle Zahlen, die durch 5 teilbar sind, enden auf ___ oder ___.

Alle Zahlen, die durch 2 teilbar sind, enden auf ___, ___, ___, ___ oder ___.

Dividieren mit Rest

Hier bleibt immer etwas übrig!

1 Das Dominospiel von Andrea hat 28 Steine.
Sie verteilt an fünf Spieler je fünf Steine.
Wie viele Steine bleiben übrig?

2 Jens hat 75 Bausteine und baut daraus Zehnertürme.
Wie viele Zehnertürme werden es?
Wie viele Bausteine bleiben übrig?

3 Kerstin teilt 15 Schokoladenwaffeln an ihre Geburtstagsgäste aus. Jeder bekommt zwei Waffeln.
Wie viele Gäste erhalten Waffeln?
Wie viele Waffeln bleiben übrig?

4 Lege Zehnerreihen mit Stäbchen!

Wie viele Reihen werden es?
Wie viele Stäbchen bleiben übrig?
Übertrage die Tabelle in dein Heft! Fülle sie aus!

Stäbchen	12	29	30	37	41	50
Zehnerreihen	1					
übrige Stäbchen	2					

5 Übertrage die Tabelle in dein Heft und sortiere die Aufgaben nach Resten!

kein Rest	Rest 1	Rest 2	Rest 3	Rest 4
5 : 5		7 : 5		

6 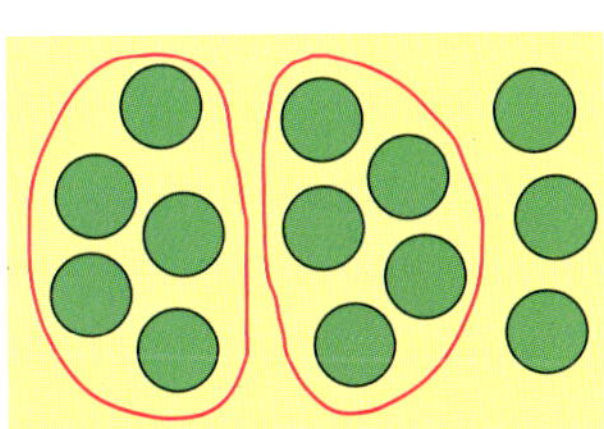

13 : 5

13 = 2 · 5 + 3
13 : 5 = 2 *Rest* 3

Lege und rechne!

a) 9 : 2   25 : 10   27 : 5   14 : 10

b) 18 : 5   16 : 5   32 : 10   7 : 2

1 a) Falte ein Blatt Zeichenpapier nacheinander auf folgende Weise:

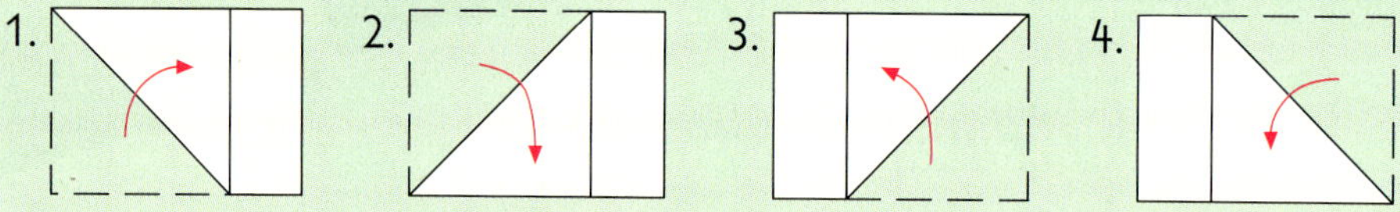

b) Male jede der vier Faltlinien mit einer anderen Farbe nach! Welche Faltlinien schneiden einander?

c) Welche Faltlinien sind senkrecht zueinander? Überprüfe!

d) Wie viele rechte Winkel findest du auf dem Faltblatt?

e) Welche Faltlinien sind parallel zueinander? Überprüfe!

f) Welches besondere Viereck ist in der Mitte des Blattes entstanden?

g) Wie viele Dreiecke hast du durch das Falten erhalten?

h) Falte das Zeichenblatt nun so, dass weitere Dreiecke und Vierecke entstehen! Überprüfe, ob Rechtecke dabei sind!

2

a) Wie viele Strecken des Musters sind 2 cm lang? Schätze zuerst und miss dann genau nach!

b) Wie viele Kreise, wie viele Quadrate und wie viele Dreiecke findest du ?

c) Zähle die im Muster enthaltenen rechten Winkel!

3 Lege mit 4 blauen Rechtecken, 4 roten Quadraten und 4 blauen Dreiecken des Figurensatzes verschiedene Muster! Zeichne sie auf Kästchenpapier!

4 Zeichne Rechtecke

a) mit einem Lineal auf kariertem Papier

b) mit einer Schablone auf Zeichenpapier

c) als Freihandzeichnu auf Zeichenpapier

5 a) E $\xrightarrow{\cdot 2}$ A

E	A
4	
10	
3	
8	

b) E $\xrightarrow{:2}$ A

E	A
18	
10	
14	
2	

c) E $\xrightarrow{\cdot 10}$ A

E	A
3	
8	
	100
	70

d) E $\xrightarrow{\cdot 5}$ A

E	A
7	
4	
	45
	25

6

6 · 5 ct	4 · 10 €	2 m : 2	40 cm : 5
5 · 5ct	5 · 10 €	4 m : 2	20 cm : 5
4 · 5 ct	6 · 10 €	8 m : 2	10 cm : 5
3 · 5 ct	7 · 10 €	10 m : 2	5 cm : 5

15 ct 20 ct 25 ct 30 ct
40 € 50 € 60 € 70 €
1 m 2 m 4 m 8 m
1 cm 2 cm 4 cm 8 cm

7 <, = oder >?

a)	b)	c)	d)
6 · 10 ○ 60	80 : 10 ○ 9	9 · 2 ○ 9 + 7	90 : 10 ○ 23 − 8
8 · 2 ○ 15	45 : 5 ○ 9	8 : 2 ○ 40 : 5	8 · 5 ○ 4 · 10
7 · 5 ○ 45	20 : 2 ○ 7	6 · 5 ○ 3 · 10	28 − 12 ○ 7 · 2
5 · 2 ○ 8	15 : 5 ○ 5	8 + 6 ○ 70 : 10	9 + 14 ○ 6 · 5
5 · 2 ○ 25	100 : 10 ○ 1	3 · 2 ○ 14 : 2	53 − 39 ○ 18 : 2

8

a)	b)	c)	d)
9 · 2 − 5	54 − 4 · 10	25 : 5 + 7	36 − 5 · 5
6 + 35 : 5	5 + 45 : 5	28 − 8 · 2	3 + 80 : 10
2 · 10 − 7	16 : 2 + 6	47 − 7 · 5	4 · 10 − 29
53 − 8 · 5	28 − 7 · 2	5 + 14 : 2	23 − 6 · 2

11 12 13 14

9

a)	b)
53 : 10 = 5 Rest □	19 : 2 = □ Rest □
22 : 5 = □ Rest □	42 : 10 = □ Rest □
13 : 2 = □ Rest □	14 : 5 = □ Rest □
35 : 5 = □ Rest □	18 : 10 = □ Rest □
49 : 10 = □ Rest □	12 : 2 = □ Rest □

10 a) Nenne eine Zahl, die durch 5, aber nicht durch 2 teilbar ist!

b) Uli hat so eine Zahl gefunden. Sie ist größer als 28 und kleiner als 37. Welche Zahl ist es?

Die Zeit

1 Wer kann am längsten mit ausgestreckten Armen eine leere Schultasche halten?

2 Zähle gleichmäßig bis 60! Für welche Tätigkeiten benötigst du ebenfalls so viel Zeit?

3 Zähle gleichmäßig bis 10! Was dauert auch so lange wie dein Zählen?

4 Was dauert länger als eine Unterrichtsstunde? Nenne 3 Beispiele!

5 Wechsle bei deinem Füller eine Patrone! Nenne 3 Tätigkeiten, die nicht so lange dauern!

6

Was dauert länger?

1 Ei kochen *oder* 5 Eier kochen

100 m schwimmen *oder* 100 m laufen

Zähne putzen *oder* Haare schneiden

Eine Schale Erdbeeren pflücken *oder* eine Schale Erdbeeren essen

7

Was stimmt hier nicht?

a)

b)

Die Uhrzeit

Der kleine Zeiger ist der **Stundenzeiger**.
Der große Zeiger ist der **Minutenzeiger**.

1 Wie spät ist es?

a) 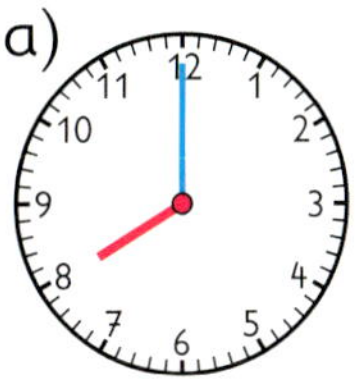
b) 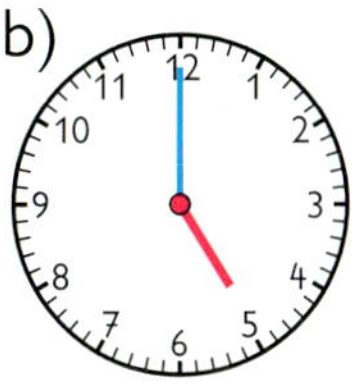
c) 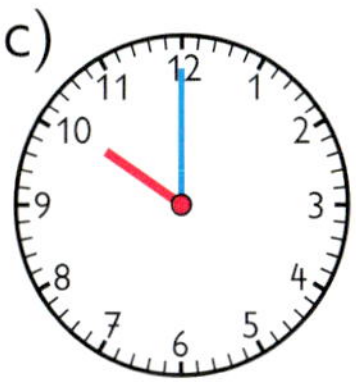
d) 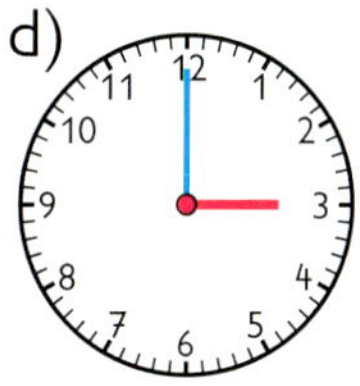
e) 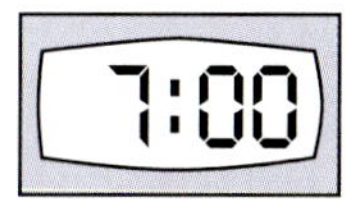

f) 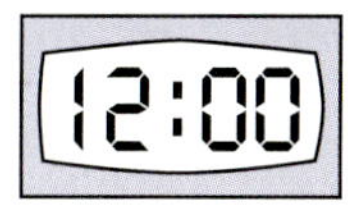

2 Stelle folgende Zeiten ein! 4 Uhr, 11 Uhr, 2 Uhr, 6 Uhr, 12 Uhr, 1 Uhr.

Ein Tag hat **24 Stunden**.
Er beginnt um 0 Uhr und endet um 24 Uhr.

3 Nenne immer beide Uhrzeiten!

a) 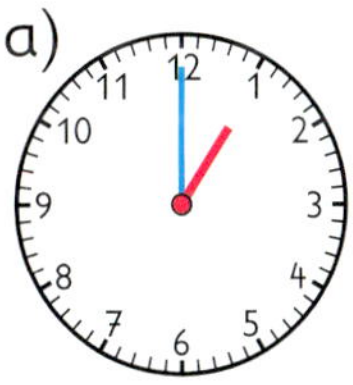
b) 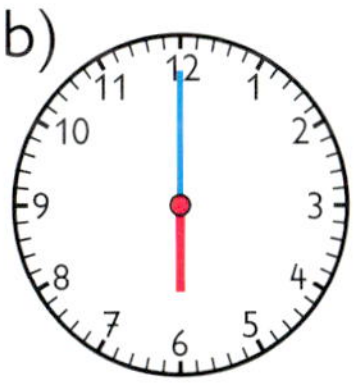
c) 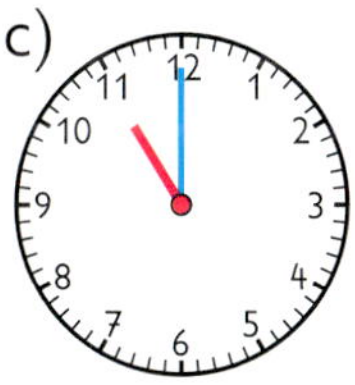
d) 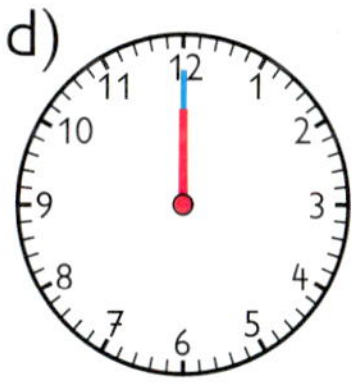
e) 

f) 

4 Stelle ein! 18 Uhr, 23 Uhr, 14 Uhr, 19 Uhr, 16 Uhr, 22 Uhr, 15 Uhr

5 Als Boris am Nachmittag aus dem Kino kommt, blickt er auf die Rathausuhr.
Wie spät ist es gerade?

6 Am Sonntagvormittag fragt auf dem Spielplatz ein kleiner Junge Anke: „Wie spät ist es?“
Welche Zeit zeigt Ankes Uhr an?

Die Uhrzeit

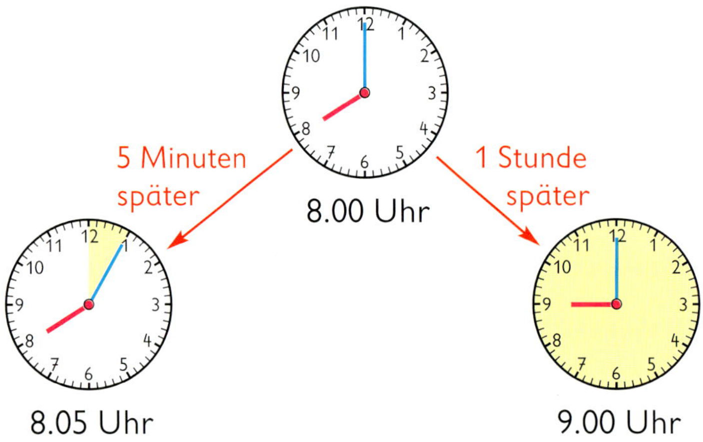

Der Minutenzeiger bewegt sich in einer Minute von einem Teilstrich zum nächsten.
1 Stunde hat 60 Minuten.
1 h = 60 min

1 Wie spät ist es? Gib jeweils beide Uhrzeiten an!

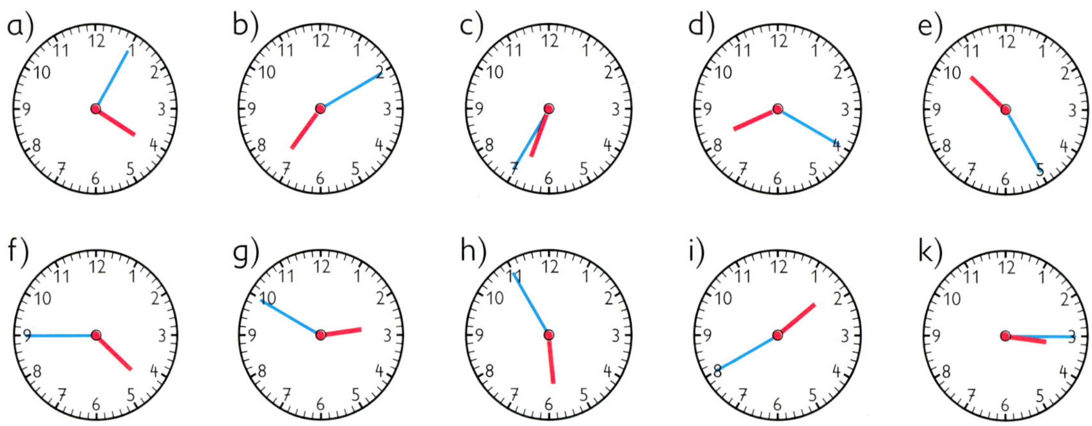

2 Welche Zeiten zeigen diese Uhren jeweils an?

10:30 18:05 7:45 22:20 19:15 16:30

3 Stelle die Uhr!

9.30 Uhr 12.10 Uhr 17.45 Uhr 18.50 Uhr 3.25 Uhr 11.35 Uhr 11.55 Uhr

4 Um 15.10 Uhr begann Karin mit ihren Hausaufgaben. Als sie alle Hausaufgaben fertig hatte, blickte sie auf die Uhr.

a) Wie spät war es dann?

b) Wie lange arbeitete Karin?

5 In der Klasse 2a beginnt heute die erste Unterrichtsstunde um 8.00 Uhr.

Wann endet die Unterrichtsstunde?

Die Uhrzeit

Seit 9.00 Uhr sind 6 Minuten vergangen.

Es ist 9.06 Uhr.

1

Wie spät ist es? Gib jeweils beide Uhrzeiten an!

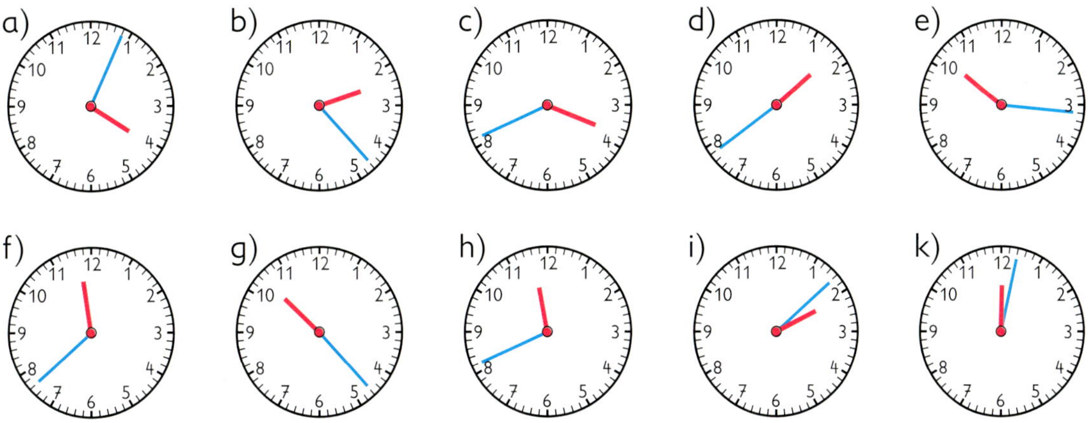

2

Stelle folgende Uhrzeiten ein!

a) 4.12 Uhr	b) 1.07 Uhr	c) 5.28 Uhr	d) 0.49 Uhr
16.57 Uhr	13.46 Uhr	17.14 Uhr	23.27 Uhr

3

Der Sekundenzeiger dreht sich in einer Minute um das ganze Ziffernblatt
60 s = 1 min

Wie viele Sekunden brauchst du, um

a) 50 m zu laufen?

b) einen Luftballon aufzublasen,

c) eine 6 zu würfeln?

Multiplizieren mit 4

4 + 4 = 8
2 · 4 = 8

1) 4 + 4 + 4 + 4 + 4 + 4 = ☐
☐ · 4 = ☐

2) Welche Aufgaben kannst du bereits lösen?

3) a) Hier helfen die Tauschaufgaben!
2 · 4, 5 · 4, 10 · 4

b) Hier hilft das Verdoppeln! 4 · 4, 8 · 4

c) Nimm zu bekannten Aufgaben einmal 4 dazu oder weg!
3 · 4, 6 · 4, 7 · 4, 9 · 4

1 · 4 = ☐
2 · 4 = ☐
3 · 4 = ☐
4 · 4 = ☐
5 · 4 = ☐
6 · 4 = ☐
7 · 4 = ☐
8 · 4 = ☐
9 · 4 = ☐
10 · 4 = ☐

4) Immer dasselbe Ergebnis – lege und rechne!

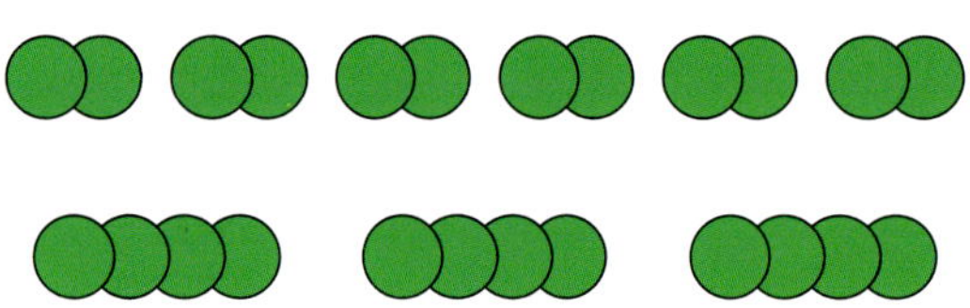

6 · 2 = 12
3 · 4 = 12

a) 10 · 2
5 · 4

b) 8 · 2
4 · 4

c) 2 · 2
1 · 4

d) 4 · 2
2 · 4

5) Lies am Zahlenstrahl ab!

3 · 4 = 4 · 3

a) 3 · 4
4 · 3

b) 7 · 4
4 · 7

c) 6 · 4
4 · 6

d) 9 · 4
4 · 9

6) Eine Tüte Fischfutter kostet 4 €. Marina kauft 3 Tüten.
Sie bezahlt mit einem 20-Euro-Schein.

Dividieren durch 4

1 Teile auf, immer vier Kinder in einen Wagen!

8 : 4 = ___ , denn ___ · 4 = 8

2

Lege und rechne! Prüfe mit der Mal-Aufgabe!

12 : 4, 36 : 4, 16 : 4, 20 : 4, 32 : 4, 40 : 4

3

Schreibe zu jedem Bild eine Mal-Aufgabe, die Tauschaufgabe und beide Umkehraufgaben!

a) 

b) 

c) 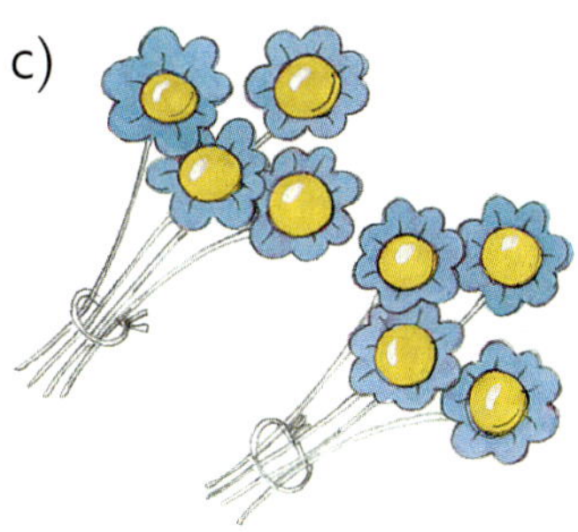

4

a) 24 : 4
16 : 4
4 : 4
36 : 4

b) 45 : 5
80 : 10
12 : 2
30 : 5

5

28 —(: 4)→ ___ ; ___ —(· 4)→ 28

12 —(: 4)→ ___ ; ___ —(· 4)→ 12

___ —(: 4)→ 9 ; 9 —(· 4)→ ___

6

Erzähle Rechengeschichten!

a) 40 : 4   b) 8 : 4

c) 16 € : 4   d) 20 cm : 4

7

Der Besitzer der Gespensterbahn hat 28 Reifen gekauft. Wie viele Wagen kann er damit vollständig neu bereifen?

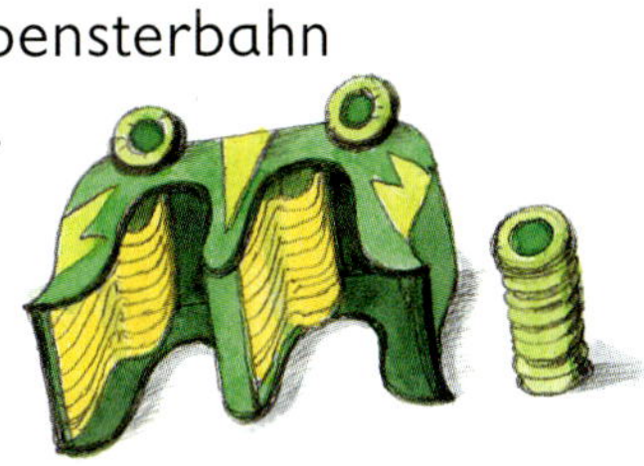

Multiplizieren mit 8

1 · 8 =	6 · 8 =
2 · 8 =	7 · 8 =
3 · 8 =	8 · 8 =
4 · 8 =	9 · 8 =
5 · 8 =	10 · 8 =

1 Wie viele Knöpfe musste die Schneiderin kaufen?
Schreibe eine Plus-Aufgabe und eine Mal-Aufgabe!

2 a) Welche Mal-Aufgaben mit 8 kannst du bereits lösen?

b) Nutze Rechenvorteile beim Lösen der übrigen Aufgaben!

3 Immer dasselbe Ergebnis – lege und rechne!

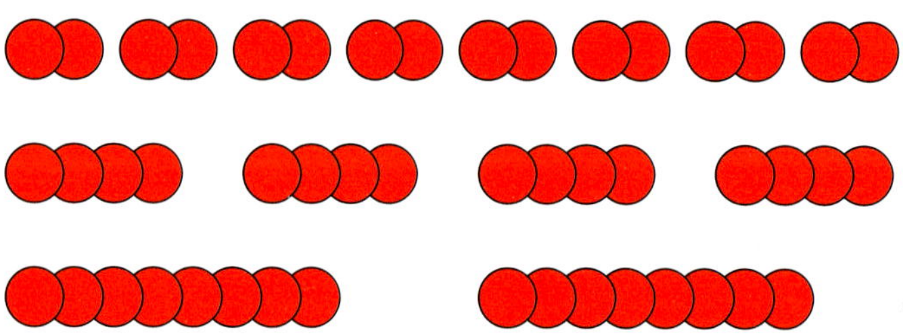

8 · 2 = 16

4 · 4 = 16

2 · 8 = 16

a) 2 · 4
1 · 8

b) 6 · 4
3 · 8

c) 10 · 4
5 · 8

4

·	2	5	4	8
3				
8				
7				

5 a) E —·8→ A

E	A
2	
7	
	24

b) E ——→ A

E	A
6	24
2	8
5	

6 Zweiersprünge, Vierersprünge, Achtersprünge

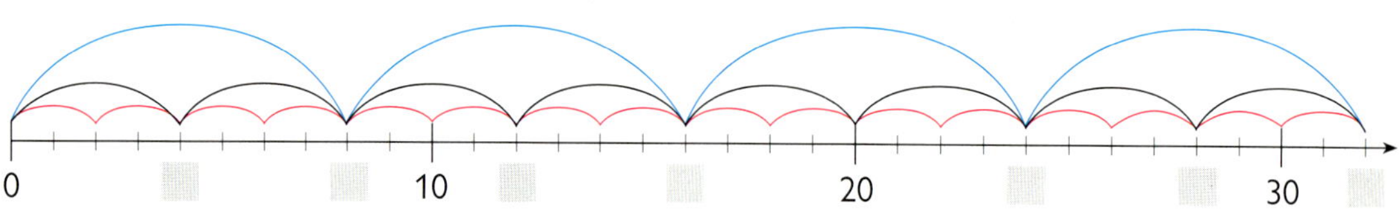

a) Welche Zweierzahlen sind auch Viererzahlen?

b) Welche Zahlen sind Zweierzahlen, Viererzahlen und Achterzahlen?

Dividieren durch 8

1 Bilde und löse immer eine Geteilt-Aufgabe!

a) Alex verteilt 40 Bausteine gleichmäßig auf 8 Türme.

b) Nele verteilt 16 Nüsse gleichmäßig an 8 Kinder.

c) Nadine verteilt 80 Perlen gleichmäßig auf 8 Ketten.

2 Lege und rechne! Begründe mit der Umkehraufgabe!

a) $8 \xrightarrow{:8} \square$, $\square \xrightarrow{\cdot 8} 8$

b) $64 \xrightarrow{:8} \square$, $\square \xrightarrow{\cdot 8} 64$

c) $56 \xrightarrow{:8} \square$, $\square \xrightarrow{\cdot 8} 56$

d) $24 \xrightarrow{:8} \square$, $\square \xrightarrow{\cdot 8} 24$

3

a)	b)	c)	d)	e)
72 : 8	32 : 8	16 : 2	40 : 5	24 : 4
48 : 8	8 : 8	36 : 4	90 : 10	45 : 5
16 : 8	40 : 8	32 : 4	35 : 5	56 : 8
80 : 8	24 : 8	20 : 2	80 : 10	70 : 10

4 Erzähle Rechengeschichten!

a) 32 : 8 b) 72 : 8 c) 48 : 8 d) 16 € : 8 e) 80 cm : 8

5 Schreibe immer vier Aufgaben in dein Heft!

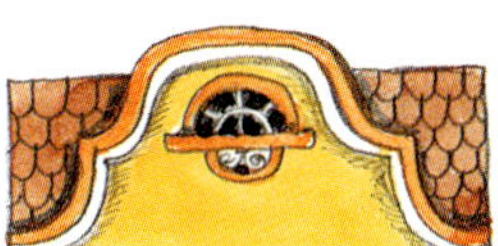

4 · 8 = ☐
8 · 4 = ☐
☐ : 8 = 4
☐ : 4 = 8

8 · 10 = ☐

☐ : 8 = 5

☐ : 2 = 8

6 Das Autohaus Meier bekommt 24 Neuwagen vom Werk. Der Autotransporter kann 8 Autos laden. Wie oft muss der Transporter fahren?

7 Beim Obsthändler gibt es Äpfel in Netzen zu 4 und zu 8 Stück. Katrin möchte 20 Äpfel kaufen. Welche Möglichkeiten hat sie?

Multiplizieren mit 1 und 0

1

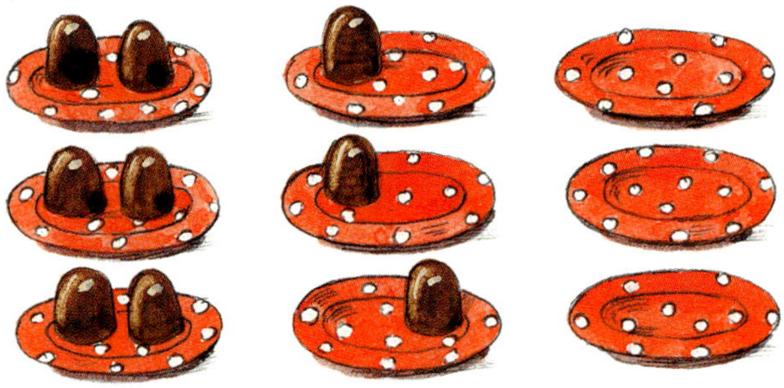

3 · 2 = ☐ 3 · 1 = ☐ 3 · 2 = ☐

2

Male Kästchenstreifen aus und rechne!

a)	b)	c)	d)	e)
2 · 10 = ☐	2 · 2 = ☐	2 · 5 = ☐	2 · 4 = ☐	2 · 8 = ☐
1 · 10 = ☐	1 · 2 = ☐	1 · 5 = ☐	1 · 4 = ☐	1 · 8 = ☐
0 · 10 = ☐	0 · 2 = ☐	0 · 5 = ☐	0 · 4 = ☐	0 · 8 = ☐

3

Rechne! Was fällt dir auf?

a) 1 · 2 1 · 4 1 · 5 1 · 8

b) 0 · 2 0 · 4 0 · 5 0 · 10

4

Sina denkt sich eine Zahl. Sie nimmt diese Zahl mit sich selbst mal und erhält wieder die gedachte Zahl. Welche Zahl kann das sein?

5

6 Lege mit Rechengeld und rechne!

	3	1	0	7				
	0	6	4	1				
	5	0	1	2				
	1	3	2	0				
	38 €				24 €	45 €	17 €	29 €

Dividieren durch 1 und 0

1 Lege und rechne!
Begründe mit der Umkehraufgabe!

8 : 8 = ☐, denn ☐ · 8 = 8
8 : 4 = ☐, denn ☐ · 4 = 8
8 : 2 = ☐, denn ☐ · 2 = 8
8 : 1 = ☐, denn ☐ · 1 = 8

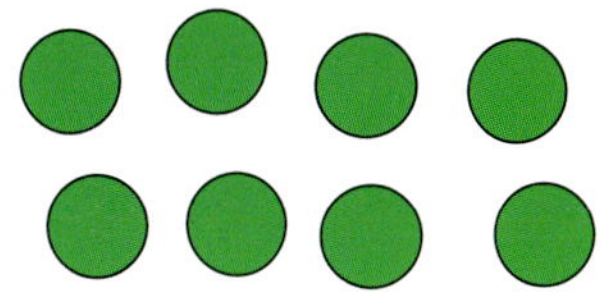

2

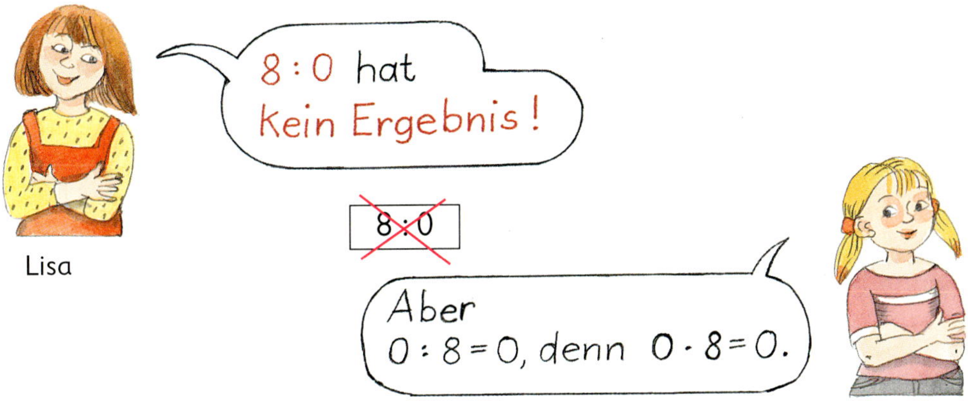

Lisa

Marie

Was meinst du dazu?

3 Rechne! Was fällt dir auf!

a) 1 : 1   2 : 1   4 : 1   5 : 1   8 : 1   10 : 1

b) 1 : 1   2 : 2   4 : 4   5 : 5   8 : 8   10 : 10

c) 0 : 1   0 : 2   0 : 4   0 : 5   0 : 8   0 : 10

4 Undine hat vier Stücke Brot und verteilt diese gerecht an vier Schwäne.
Wie viele Brotstücke bekommt jeder Schwan?

Multiplizieren mit 3

1 Florians Vater baut in einem Werk Dreiräder für Kinder zusammen. Wie viele Räder braucht er für zwei Dreiräder?

2 Rechne die Plus-Aufgabe und schreibe eine Mal-Aufgabe!

a) 3 + 3 + 3 + 3　　b) 3 + 3 + 3　　c) 3 + 3 + 3 + 3 + 3

3 Rechne vorteilhaft!　a) 3 · 3, 6 · 3, 4 · 3, 8 · 3　　b) 5 · 3, 7 · 3, 8 · 3, 9 · 3

4

Zähle in Dreierschritten, beginne bei Null!

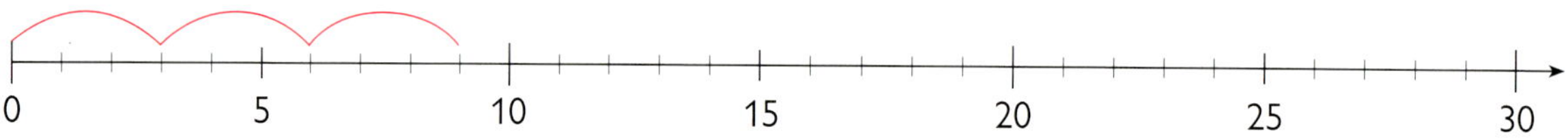

a) Bis zu welcher Zahl kommst du mit 3 Dreierschritten, mit 5 Dreierschritten, mit 9 Dreierschritten?

b) Wie viele Dreierschritte sind es bis 12, bis 21, bis 24?

5

a)
3 —·5→ ▢
0 —·3→ ▢
3 —·1→ ▢
7 —·3→ ▢

b)

E —·3→	A
9	
3	
	30

c)

·	2	4	1	0	8	3
3						
10						
5						

6 Ein Kind braucht für den Weg vom Schulhaus zur Turnhalle drei Minuten. Wie viele Minuten brauchen fünf Kinder?

7 Von jedem Zettel eins! Wie viele Wörter kannst du bilden?

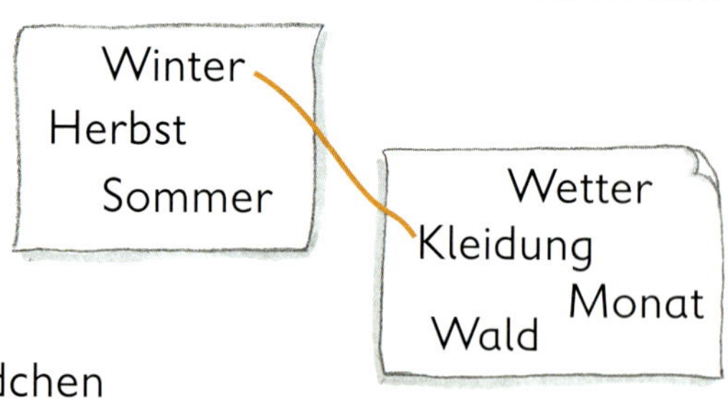

8 Mara, Nina und Anne spielen Tischtennis gegen Simon, Erik und Paul. Wie viele Spiele sind es, wenn jedes Mädchen gegen jeden Jungen einmal spielt?

Dividieren durch 3

1 Jana legt Figuren.
Wie viele einzelne Dreiecke kann sie legen?

a) aus 3 Stäbchen

b) aus 6 Stäbchen

c) aus 12 Stäbchen

d) aus 30 Stäbchen

2 Lege und rechne!

6 : 3 = ▢ 21 : 3 = ▢ 9 : 3 = ▢ 27 : 3 = ▢ 3 : 3 = ▢

3 Aufgabe und Umkehraufgabe

a) 15 —: 3→ ▢, ▢ —· 3→ 15

b) 24 —: 3→ ▢, ▢ —· 3→ 24

c) 1 —: 3→ ▢, ▢ —· 3→ 1

d) 5 —: 3→ ▢, ▢ —· 3→ 5

4 Schreibe immer zwei Mal-Aufgaben und zwei Geteilt-Aufgaben!

a)

b)

5 Erfinde zu jeder Aufgabe eine Rechengeschichte!
15 : 3, 24 : 3, 3 : 3, 30 € : 3, 27 m : 3

6 Kann man an zwei Mütter und zwei Töchter drei Rosen verteilen?

7 Nils hat noch 7 cm Klebeband.
Wie oft kann er davon 3 cm abschneiden?

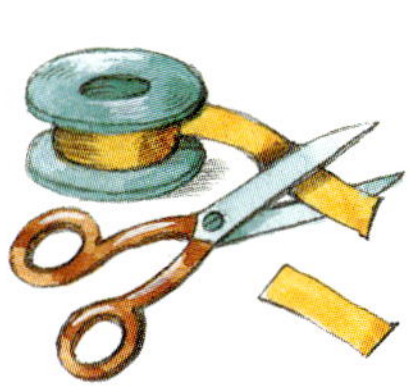

8 Ein Haar wächst in drei Tagen durchschnittlich 1 mm.
Wie viel Millimeter wächst es im Monat April?

Multiplizieren mit 6

1 Wie viele Beine sind es? Bilde zu jedem Bild eine Mal-Aufgabe und löse sie!

2 Rechne vorteilhaft! 10 · 6, 5 · 6, 6 · 6, 3 · 6, 2 · 6, 4 · 6, 8 · 6, 9 · 6

3

Zähle in Sechserschritten, beginne bei Null!

a) Bis zu welcher Zahl kommst du
mit 3 Sechserschritten, mit 5 Sechserschritten, mit 7 Sechserschritten?

b) Wie viele Sechserschritte sind es bis 12, bis 36, bis 48?

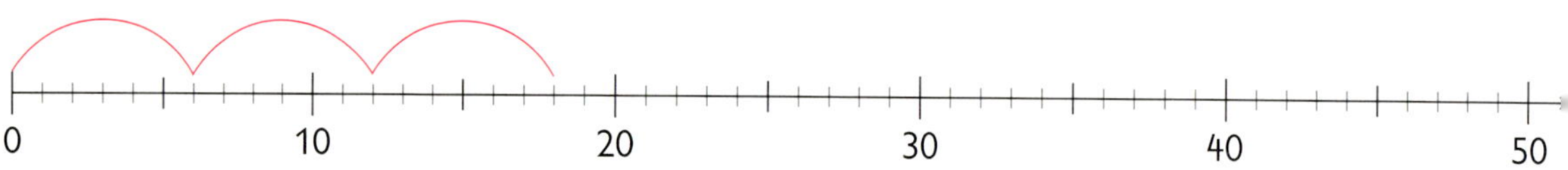

4 Lege und rechne!

a) 5 · 6 – 10 = ☐
2 · 6 + 8 = ☐
4 · 6 – 5 = ☐

b) 20 = 3 · 6 + ☐
33 = 6 · 6 – ☐
21 = 2 · 6 + ☐

c) 14 = 2 · 6 + ☐
28 = 5 · 6 – ☐
40 = 7 · 6 – ☐

5 <, > oder =?

a) 8 · 6 ○ 50
3 · 6 ○ 15

b) 6 · 6 cm ○ 30 cm
8 · 6 m ○ 49 m

c) 6 · 5 ct ○ 50 ct
6 · 2 € ○ 12 €

6

Ein Schwalbenpaar hat drei Jahre lang immer 6 Junge aufgezogen.

7 Kängurus sind die Weitspringer unter den Tieren. Wie viele 6-m-Sprünge braucht ein Känguru für eine Strecke von 50 m?

Dividieren durch 6

1 Lege und rechne!

a) $12 \xrightarrow{:6} \square$, $\square \xrightarrow{\cdot 6} 12$

b) $30 \xrightarrow{:6} \square$, $\square \xrightarrow{\cdot 6} 30$

c) $24 \xrightarrow{:6} \square$, $\square \xrightarrow{\cdot 6} 24$

d) $42 \xrightarrow{:6} \square$, $\square \xrightarrow{\cdot 6} 42$

2 Schreibe zwei Mal-Aufgaben und zwei Geteilt-Aufgaben!

3

a) $2 + 6 \cdot 6 = \square$
$9 \cdot 6 + 7 = \square$

b) $19 - 2 \cdot 6 = \square$
$7 \cdot 6 - 5 = \square$

c) $11 + 12 : 6 = \square$
$32 - 30 : 6 = \square$

4 Eine Bäuerin packt immer sechs frische Eier in eine Schachtel.
Wie viele volle Schachteln werden es?

a) 36 Eier
b) 60 Eier
c) 18 Eier
d) 48 Eier

5 Wie viele Eier sind es?

a) 7 Schachteln
b) 9 Schachteln

6 In einem Aquarium sind 36 kleine Zierfische. Zunächst verkauft der Händler davon den sechsten Teil und von den restlichen Fischen noch einmal den sechsten Teil. Wie viele Fische verbleiben im Becken?

7

Kati kauft für ihren kleinen Dackel sechs Dosen Hundefutter.
Sie bezahlt dafür 18 Euro.
Wie teuer ist eine Dose?

8 Die Klasse 2a bastelt für den Winter Futterglocken aus Joghurtbechern.
Für sechs Futterglocken braucht man einen großen Becher Fett und eine große Tüte Vogelfutter.
Wie viele Becher Fett werden für 24 Futterglocken gebraucht?

Multiplizieren mit 9

1 Berechne die Produkte! Nutze dazu die Tauschaufgaben!
2 · 9, 3 · 9, 4 · 9, 5 · 9, 6 · 9, 8 · 9, 10 · 9

2 Male im Heft Neunerstreifen aus und rechne!

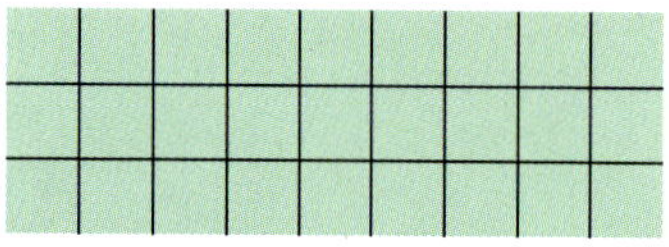

3 · 9 = 27

a) 3 · 9, 9 · 9, 1 · 9, 8 · 9

b) 7 · 9, 0 · 9, 5 · 9, 10 · 9

3

Bei einem Glücksrad sind folgende Gewinne möglich:
Dreierzahl – ein Kaugummi
Sechserzahl – ein Luftballon
Neunerzahl – ein Buntstift

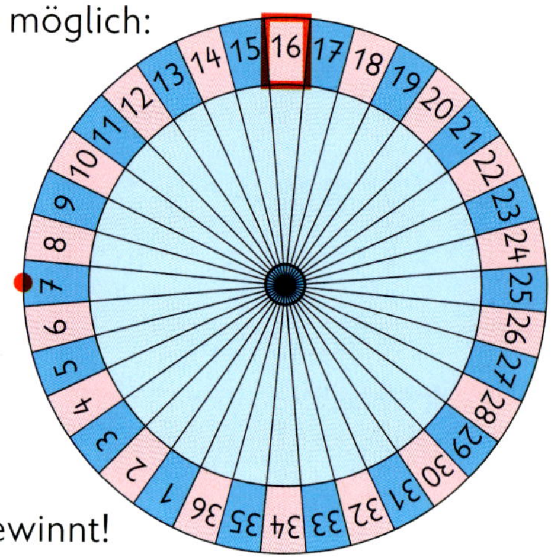

a) Was gewinnt man bei folgenden Zahlen:
12, 13, 20, 27, 36?

b) Nenne Zahlen, bei denen man zweifach gewinnt!

c) Nenne Zahlen, bei denen man dreifach gewinnt!

d) Bei welchen Zahlen gewinnt man nichts?

4

Finde Malaufgaben!

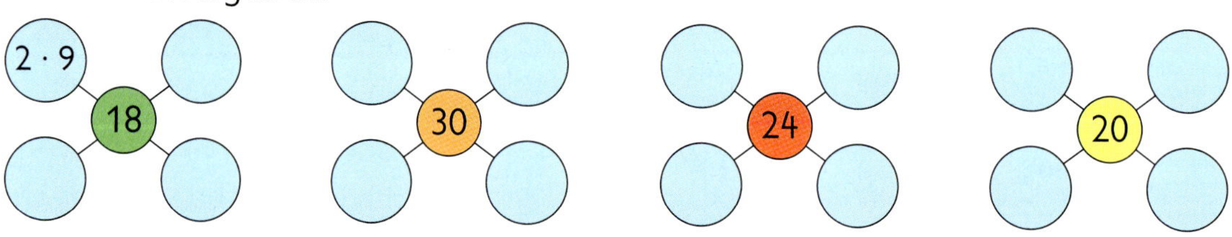

5 Eine Kegelanlage hat meistens mehrere Bahnen. Zu einer Bahn gehören neun Kegel. Wie viele Kegel werden gebraucht für

a) 3 Bahnen b) 4 Bahnen c) 8 Bahnen?

6

Merkwürdiges über Neunerzahlen. Was fällt dir auf?

a) 9, 18, 27, 36, 45, 54, 63, 72, 81, 90

b) 18: 1 + 8 = 9 27: 2 + 7 = 36: 3 + 6 = 45 54 63 72 81 90

Dividieren durch 9

1 Verteile gleichmäßig!

a) 36 Steckwürfel auf neun Türme

b) 54 Steckwürfel auf neun Türme

2 Lege und rechne!

a) 18 ⟶ : 9 ⟶ □, □ ⟶ · 9 ⟶ 18

45 ⟶ : 9 ⟶ □, □ ⟶ · 9 ⟶ 45

b) 9 ⟶ : 9 ⟶ □, □ ⟶ · 9 ⟶ 9

27 ⟶ : 9 ⟶ □, □ ⟶ · 9 ⟶ 27

3 Schreibe zu jedem Feld zwei Mal-Aufgaben und zwei Geteilt-Aufgaben!

a) 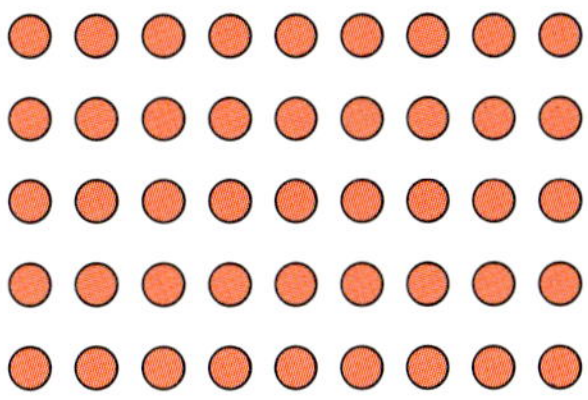

b) 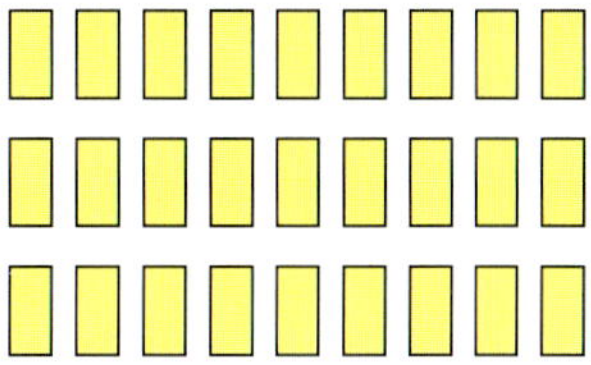

c) 

4 a) Wie viel ist das Neunfache von 5 Kindern, 2 Heften, 8 Äpfeln?

b) Wie viel ist der neunte Teil von 18 Bananen, 45 Keksen, 72 Zentimetern?

5 Finde Geteilt-Aufgaben!

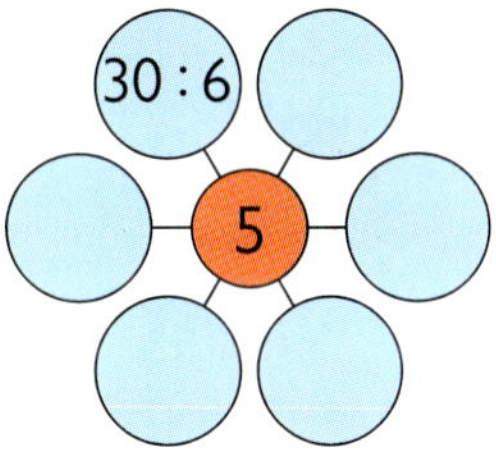

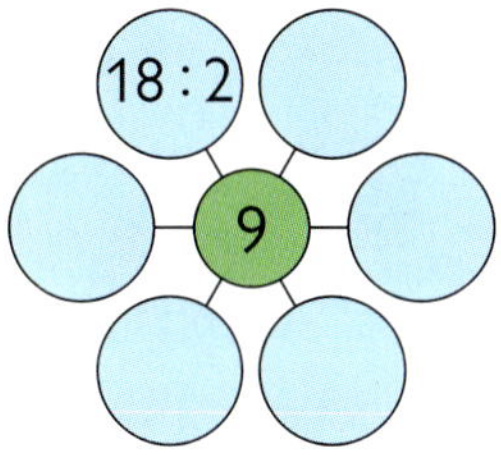

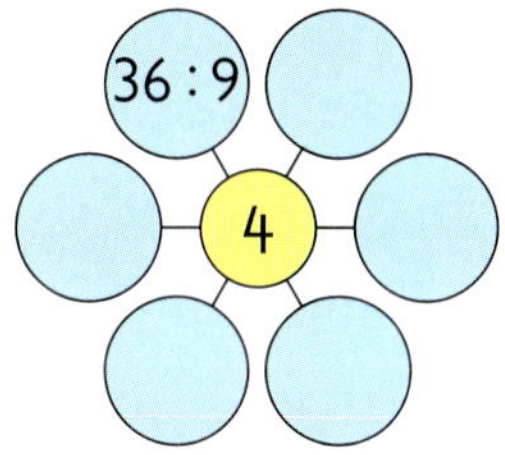

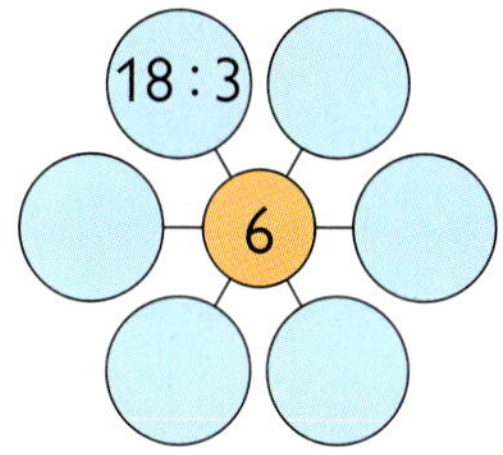

6 Felix will im Garten Kopfsalat pflanzen, immer neun Stück in eine Reihe. Er hat 18 Pflanzen.

7 Sara hat 75 Perlen. Für eine Kette braucht sie 9 Perlen. Wie viele Ketten kann sie anfertigen?

8

a) 4 + 5 · 9
9 · 9 + 10

b) 7 · 9 − 2
70 − 2 · 9

c) 6 + 18 : 9
72 : 9 + 8

d) 36 : 9 − 4
21 − 90 : 9

Multiplizieren mit 7

1 „Die Aufgaben im Sack können wir schon lösen", sagt Ulrike. Warum?

2 Lege und rechne!
1 · 7, 3 · 7, 0 · 7, 7 · 7

3 Zähle in Siebenerschritten, beginne bei Null!

a) Bis zu welcher Zahl kommst du mit 3 Siebenerschritten, mit 5 Siebenerschritten, mit 7 Siebenerschritten?

b) Wie viele Siebenerschritte sind es bis 28, bis 42, bis 63?

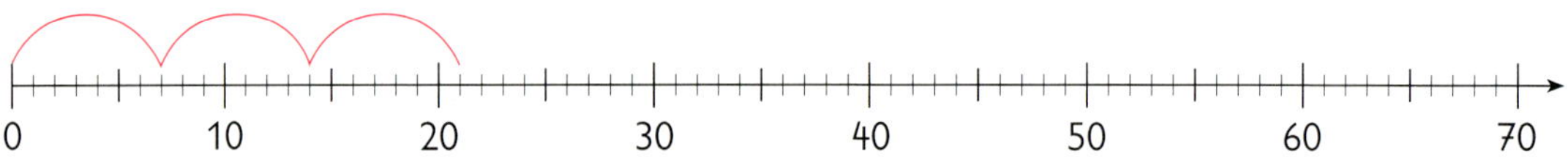

4

a)	b)	c)	d)
7 · 4 =	7 · 3 =	6 · 9 =	8 · 8 =
7 · 5 =	3 · 6 =	3 · 5 =	6 · 6 =
7 · 9 =	6 · 8 =	2 · 8 =	9 · 9 =
7 · 0 =	4 · 9 =	5 · 4 =	4 · 4 =
7 · 8 =	7 · 6 =	8 · 3 =	7 · 7 =

5

Manche Marienkäfer haben insgesamt sieben Punkte auf beiden Flügeln. Wie viele Punkte zählst du dann bei sieben Käfern?

6 Gärtnermeister Peter Silie hat Nelken geschnitten. Immer sieben bindet er zu einem Strauß. Wie viele Nelken braucht er für 9 Sträuße?

7 Der Siebenschläfer lebt in Wäldern und Gärten. Er hält sieben Monate Winterschlaf.
Wie lange schlafen drei Siebenschläfer?

8 Erzähle Rechengeschichten!
a) 4 · 7 b) 7 · 5 € c) 7 · 1 m

Dividieren durch 7

1 Lege und rechne! Prüfe mit der Mal-Aufgabe!

14 : 7 =   42 : 7 =   7 : 7 =   21 : 7 =   0 : 7 =

2 Schreibe Aufgaben und löse sie!

a)

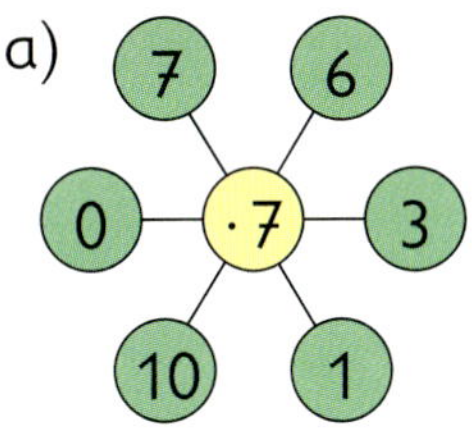

b)

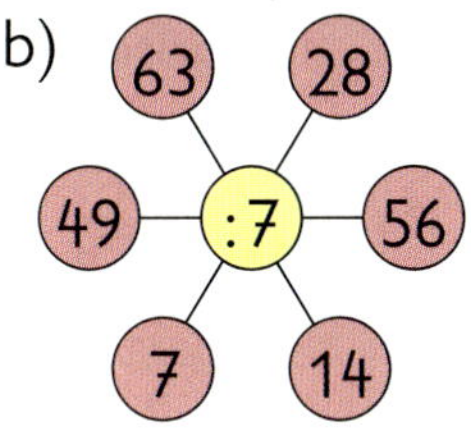

c)

·	3	7	9	6	1	10
7						
0						
5						

d)

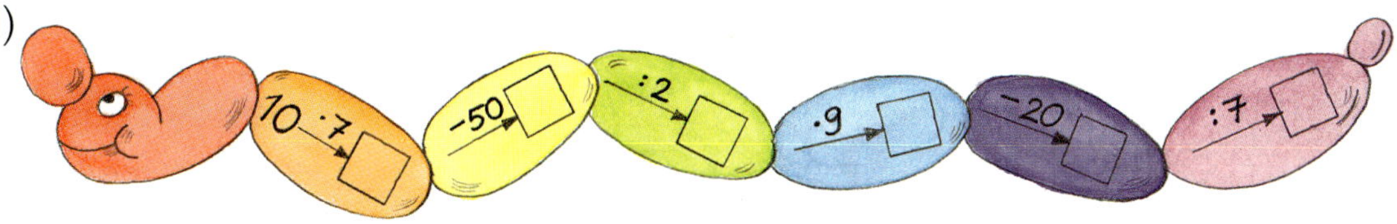

3

Nadines Füller hat gekleckst. Wie heißen die Aufgaben?

a) 63 ● 3 = 60
17 ● 15 = 32
51 ● 24 = 27

b) 5 ● 7 = 35
7 ● 6 = 42
56 ● 7 = 8

c) 2 ● 9 ● 7 = 25
70 ● 7 ● 1 = 9
3 ● 21 ● 7 = 0

4

Wie viel ist das Siebenfache von 3 Katzen, 2 Hunden, 5 Kühen?
Wie viel ist der siebente Teil von 35 Enten, 7 Ziegen, 28 Hühnern?

5 Diana denkt sich eine Zahl. Sie teilt die Zahl durch 7 und erhält 5. Wie heißt die Zahl?

6 Im Sportunterricht werden die 28 Kinder der Klasse 2c für einen Staffelwettkampf in Riegen zu je 7 Kindern eingeteilt. Wie viele Riegen werden es?

7 Der Fahrstuhl eines Aussichtsturmes befördert immer sieben Personen. Wie oft muss der Fahrstuhl bei einer Gruppe von 25 Personen fahren?

8 Erfinde Rechengeschichten für 21 : 7, 70 € : 7, 35 cm : 7!

Wochentage und Monate

Montag	Chor
Dienstag	
Mittwoch	Kino
Donnerstag	14 Uhr Zahnarzt
Freitag	15 Uhr Reiterhof
Sonnabend	
Sonntag	Besuch bei Oma

Eine Woche hat 7 Tage.

1 Übertrage in dein Heft und ergänze!

gestern	heute	morgen
	Mittwoch	
	Freitag	
Sonntag		
		Freitag
Montag		
		Dienstag

2

Wochen	2		8		
Tage		49		70	

3 Herr Frosch sagt: „Es hat schon seit 3 Wochen nicht mehr geregnet.“ Wie viele Tage sind das?

Ein Jahr hat 12 Monate.

4 Ergänze!

Monat	Anzahl der Tage
Januar	31
Februar	28 oder 29
…	

5 In welchen Monaten ist Sommer?
In welchen Monaten haben wir Winter?

6 a) In welchem Monat begann dieses Schuljahr?
In welchem Monat beginnen die Sommerferien?

b) In welchem Monat hast du Geburtstag?
In welchem Monat ist in diesem Jahr Ostern?

Kalender und Datumsangaben

Juni 2006						
Montag	Dienstag	Mittwoch	Donnerstag	Freitag	Sonnabend	Sonntag
			1	2	3	4
5	6	7	8	9	10	11
12	13	14	15	16	17	18
19	20	21	22	23	24	25
26	27	28	29	30		

Zur Datumsangabe gehören **der Tag, der Monat, das Jahr**

Beispiele: 1. Juni 2006 oder 1. 6. 2006
25. Oktober 2006 oder 25.10. 2006

1 Auf welche Wochentage fallen
a) der 7. Juni 2006,
b) der 10. Juni 2006,
c) der 15. 6. 2006,
d) der 28. 6. 2006?

2 Welche Tage im Juni 2006 sind Sonntage? Schreibe das jeweilige Datum auf!

3 Wie viele Wochen hat der Monat Juni?

4 Stelle Fragen und beantworte sie!

5 Auf welche Wochentage fallen in diesem Jahr
a) der 1. Januar,
b) der 3. Oktober,
c) der 24. Dezember,
d) der 1. 5.,
e) der 6. 1.,
f) der 31. 10.?

6 Am 5. Juli fährt Achmed mit seinen Eltern für 2 Wochen an die Ostsee.
a) Wie viele Tage fährt Achmed an die Ostsee?
b) Gib das Datum von Achmeds letztem Urlaubstag an der Ostsee an!

10 Uhr	Eröffnung des Kindercafes
10 Uhr – 12 Uhr	Lustige Sportspiele
10 Uhr – 11 Uhr 14 Uhr – 15 Uhr	Kindertheater „Purzelbaum"
10.30 Uhr – 11.30 Uhr	Volkstanz zum Mitmachen
11 Uhr – 12 Uhr 13 Uhr – 17 Uhr	Trampolinspringen
10 Uhr – 12 Uhr	Computerspiele
14 Uhr – 17 Uhr	Basteln
15 Uhr – 18 Uhr	Kinderdisko

1 a) Welche Veranstaltungen sind vormittags?

b) Welche Veranstaltungen beginnen um 10 Uhr?

c) Wie lange dauert die Kinderdisko?

d) Wie lange dauert der Bastelnachmittag?

e) Welche Veranstaltungen kann man um 14 Uhr besuchen?

Vorstellungen:

8. Mai:	14 – 16 Uhr 18 – 20 Uhr
9. Mai:	10 – 12 Uhr 14 – 16 Uhr 18.30 – 20.30 Uhr
10. Mai:	10 – 12 Uhr 14 – 16 Uhr

Eintrittspreise:

	Erwachs.	Kinder
Loge	10 €	5,00 €
1. Rang	8 €	4,00 €
2. Rang	5 €	2,50 €

2 a) An welchen Tagen sind die Zirkusvorstellungen?

b) Wie lange dauert eine Vorstellung?

c) Wann sind am 10. 5. Vorstellungen?

d) Kai möchte jeden Tag eine Vorstellung besuchen.
Wie viele Stunden ist er dann insgesamt im Zirkus?

e) Wie viel Geld kosten 2 Kinderkarten für den 1. Rang?

Sachaufgaben

Anne und Tom gehen nicht nur in dieselbe Klasse, sie wohnen auch im selben Haus.

1 Annes und Toms Wohnhaus hat drei Etagen. In jeder Etage wohnen zwei Familien. Wie viele Familien wohnen in dem Haus?

2 Von den acht Kindern des Hauses kann die Hälfte noch nicht schwimmen. Wie viele Kinder können schwimmen?

3 ______________________________

Annes Mutter pflanzt Blumen in die vier Blumenkästen auf dem Balkon, immer sechs in einen Kasten.

a) Wie viele Blumenpflanzen braucht Annes Mutter?

b) Eine Pflanze kostet 2 €. Wie teuer werden die Pflanzen für einen Blumenkasten?

4 ______________________________

Anne und Tom gehen von Montag bis Freitag in die Schule. An vier Tagen haben sie vier Stunden Unterricht, an einem Tag fünf Stunden.

5 ______________________________

Für den Schulweg benötigen Anne und Tom 12 Minuten. Am Dienstag gehen sie um 7.35 Uhr von zu Hause los. Wann sind sie an der Schule?

6 Tom übt jede Woche drei Stunden auf dem Klavier. Wie viele Stunden könnten es im Februar gewesen sein?

7 Anne turnt regelmäßig im Sportverein. In den letzten fünf Wochen waren es 20 Stunden. Wie viele Stunden könnten es in einer Woche gewesen sein?

8 Tom spielt mit seinem Bruder und seinen Eltern Rommé. Der Bruder bekommt 11 Karten, alle anderen je 10 Karten. Wie viele Karten werden ausgeteilt?

Sachaufgaben

1 Zum Basteln zerschneidet Tom einen Bindfaden von 54 cm Länge in sechs gleich lange Stücke. Wie lang ist ein Stück?

2 Auf dem Markt werden frische Eier angeboten. Wie viele Eier kann Anne für 2 € kaufen?

3 Anne wurde am 12. Februar krank und war am 17. Februar wieder gesund. Wie viele Tage war sie krank?

4 Tom öffnet seine Sparbüchse und stellt fest, dass darin nur Münzen und Scheine zu 2 € und zu 5 € sind. Insgesamt hat er 19 € gespart. Wie viele Münzen und wie viele Geldscheine könnten es sein?

5

Toms Mutter ist 30 Jahre alt. Der fünfte Teil davon gibt das Alter seines Bruders an.

6

Als Anne krank war, musste sie alle sechs Stunden eine Tablette einnehmen. Wie viele Tabletten waren das an einem Tag?

7 Für einen Ausflug am Wochenende hat Toms Mutter drei Sorten Brot gekauft: Vollkornbrot, Weißbrot und Knäckebrot. Zum Belegen hat sie Käse, Schinken, Salami und Konfitüre. Wie viele verschiedene Pausenbrote könnte sie vorbereiten?

8 Anne geht am Sonntag mit ihren Eltern essen. Sie möchte ein Hauptgericht und eine Nachspeise. Annes Mutter wählt eine Vorsuppe und ein Hauptgericht. Annes Vater möchte Vorsuppe, Hauptgericht und Nachspeise. Welche Möglichkeiten hat jeder, sein Essen zusammenzustellen?

Speisenkarte

Vorsuppen:
Klare Brühe .... 2,50 €
Pilzsuppe ...... 3,10 €
Gulaschsuppe .. 2,50 €

Hauptgerichte:
Forelle ..... 11,40 €
Schnitzel ... 9,20 €
Roulade .... 8,40 €
Hähnchen .. 9,30 €

Nachspeisen:
Eisbecher .... 3,50 €
Mandelpudding .... 1,70 €

Vorteilhaft rechnen

1 Aufgabe: 12 + 63
Nele rechnet: 63 + 12 = 75

a) 13 + 65
34 + 53
25 + 75
18 + 48
27 + 56

b) 12 + 34
23 + 45
34 + 56
22 + 77
33 + 55

c) 14 + 58
14 + 62
14 + 66
14 + 70
14 + 74

d) 5 + 87
16 + 76
27 + 65
38 + 54
49 + 43

2 Aufgabe: 33 + 18 + 17
Lars rechnet: 33 + 17 = 50
50 + 18 = 68

a) 28 + 25 + 22
57 + 26 + 13
39 + 14 + 11
66 + 9 + 24

b) 26 + 8 + 44
23 + 29 + 37
4 + 68 + 26
19 + 11 + 31

3 Aufgabe: 36 + 38 + 22
Ina rechnet: 38 + 22 = 60
60 + 36 = 96

a) 26 + 35 + 25
58 + 14 + 16
17 + 49 + 11
45 + 27 + 13

b) 24 + 28 + 42
16 + 55 + 25
31 + 19 + 41
25 + 15 + 45

4 Aufgabe: 46 + 29
Maja rechnet: 46 + 30 = 76
76 − 1 = 75

a) 35 + 19
56 + 39
67 + 29
48 + 19

b) 9 + 86
39 + 36
28 + 59
49 + 18

5

Roman rechnet die Aufgabe 5 · 8 so aus:
Er bildet die Hälfte von 8, das ist 4. Dann hängt er eine 0 an.
Kann er auch andere Aufgaben so ausrechnen?

6

a) Rechne aus!
7 + 65 + 4 + 3 + 21
44 + 33 + 22 + 1 · 1
12 + 34 + 5 · 6 + 7 + 8 + 9
1 + 2 + 3 + 4 + 5 + 6 + 7 + 8 · 9

b) Bilde ähnliche Aufgaben für die Zahl 15, für die Zahl 20 oder für andere Zahlen!

7

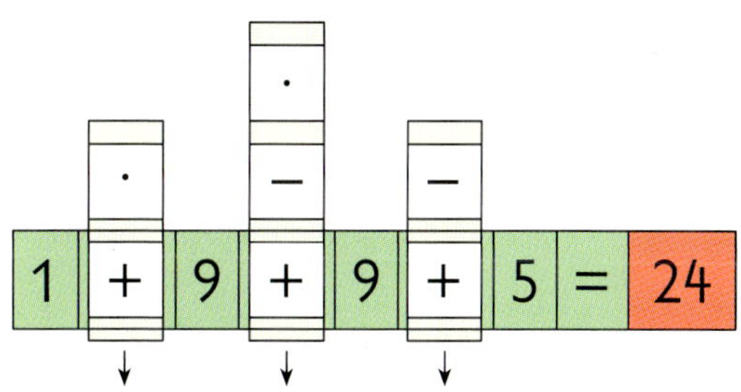

Welche Ergebnisse können noch entstehen?

Rechnen mit Rechenuhren

Rechenuhren zeigen keine Zeit an.
Sie haben nur einen Zeiger
und stellen uns Aufgaben
zum Rechnen.

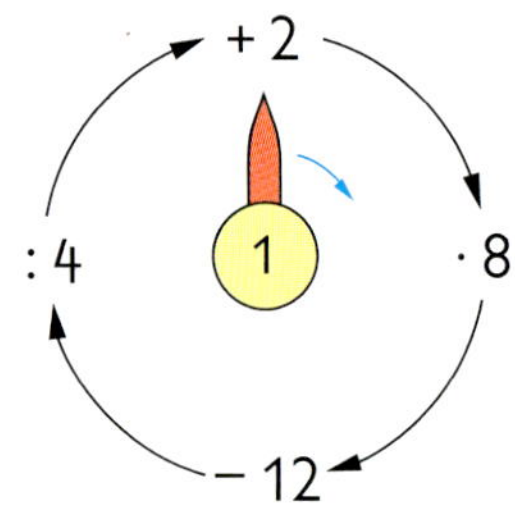

$1 + 2 = 3$
$3 \cdot 8 = 24$
$24 - 12 = 12$
$12 : 4 = 3$
$3 + 2 = 5$
$5 \cdot 8 = 40$
…

1

Bilde und löse möglichst viele Aufgaben!

a)

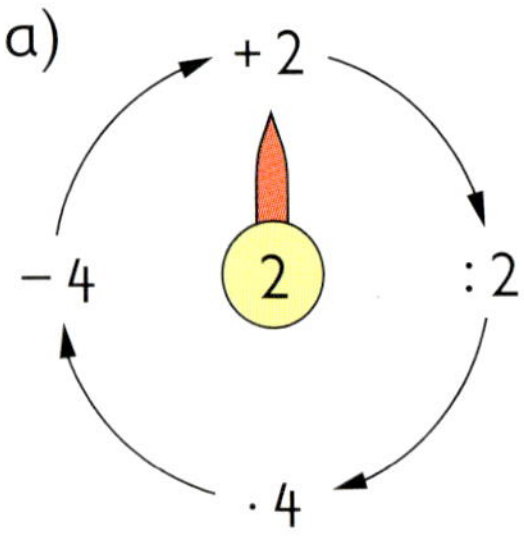

b)

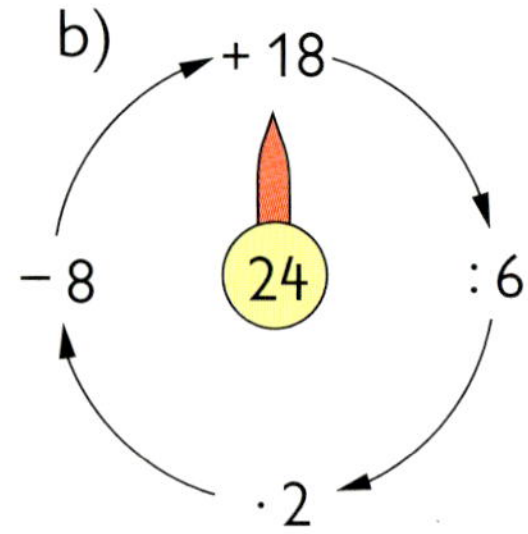

c)

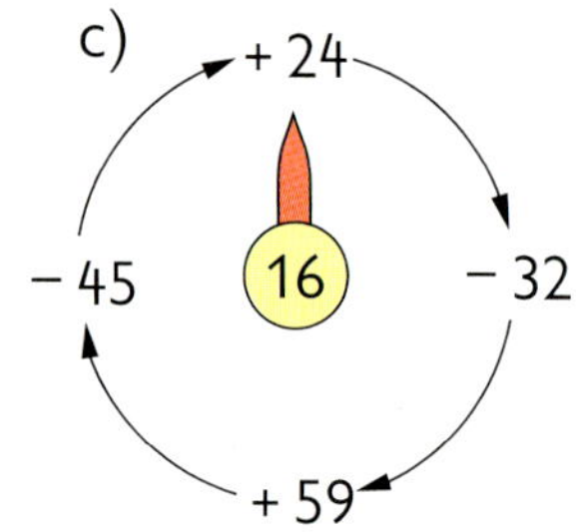

2

Mit dieser Rechenuhr kannst du 9 Aufgaben bilden und lösen. Dann bleibt sie stehen. Weshalb?

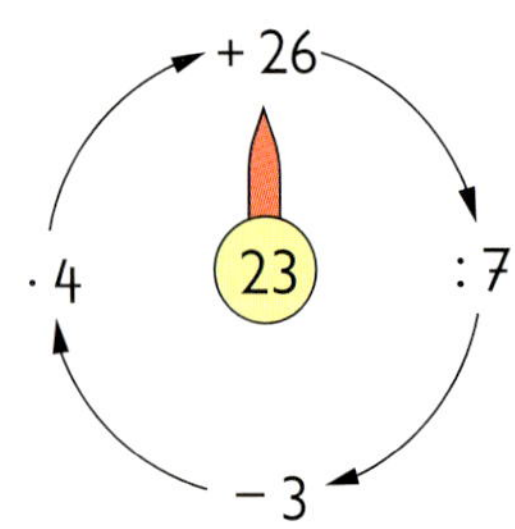

3

Auch hier kannst du leicht 9 Aufgaben bilden und lösen. Dann wird es zu schwer für dich. Oder nicht?

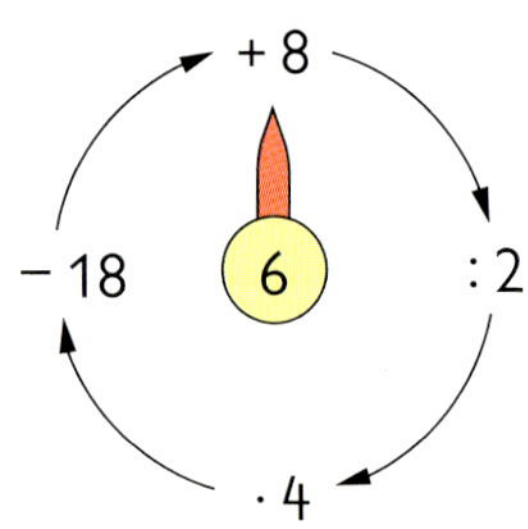

4

Was sagst du denn zu dieser Rechenuhr?

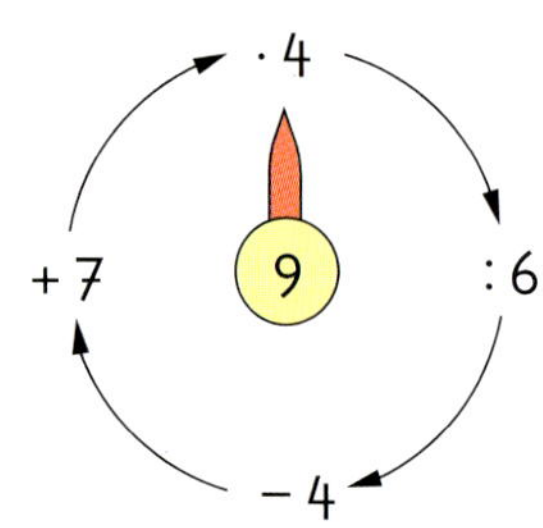

5

Stelle fest, was das jeweils für eine Rechenuhr ist!

a)

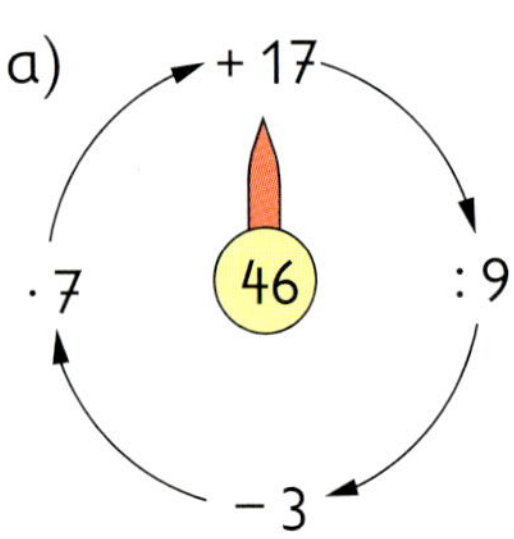

b)

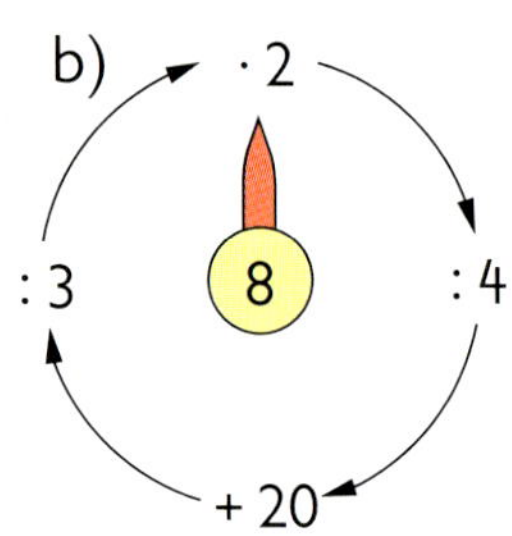

c)

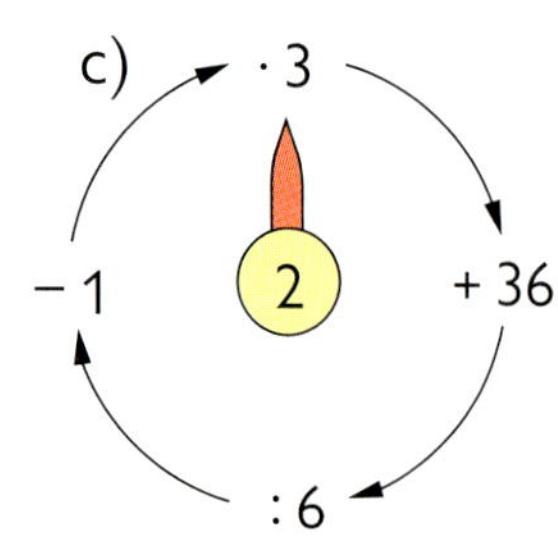

6 Stelle selbst Rechenuhren auf!

Rechenrätsel

1 Wie viele Monate alt sind die Tiere?

2 a) Johannes schreibt die Zahlen bis 20 auf. Wie viele Einsen muss er dabei schreiben?

b) Wie viele Einsen kommen bei den Zahlen von 21 bis 100 vor?

c) Meinst du, dass die Null bei den Zahlen von 0 bis 100 ebenso oft vorkommen wird wie die Eins?

3

a) Wie oft ist in diesem Jahr der letzte Tag eines Monats ein Sonntag?

b) Welcher Wochentag kommt in diesem Jahr am häufigsten als erster Tag eines Monats vor?

4

Ist das wirklich wahr?

Es ist nicht möglich, mit einem Spielwürfel eine 7 zu würfeln.

In jedem Monat gibt es 4 Sonntage.

In unserer Klasse haben im Februar weniger Kinder Geburtstag als im Mai.

Vatis sind immer größer als Muttis.

Auf dieser Seite kommt der Buchstabe E häufiger vor als der Buchstabe N.

5

1 Im Streifendiagramm sind die Körpergewichte der Kinder der Klasse 2a dargestellt.

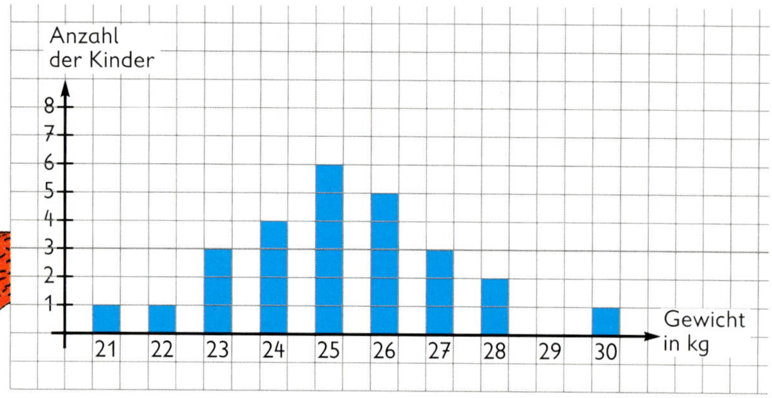

a) Wie viele Kinder sind 26 kg schwer?

b) Welches Körpergewicht kommt am häufigsten vor?

c) Wie viele Kinder sind leichter als 27 kg?

d) Wie viele Kinder sind schwerer als 23 kg?

e) Wie viele Kinder sind in der Klasse 2a?

2

a) Wirf ein Wendeplättchen zehnmal hoch! Notiere jedesmal in einer Strichliste, welche Farbe oben liegt!

rot	grün

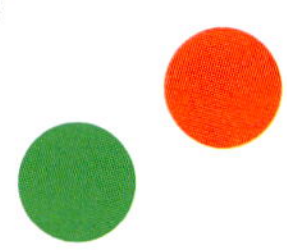

b) Zeichne das nebenstehende Bild in dein Heft! Male für jeden Strich der Strichliste ein Kästchen aus!

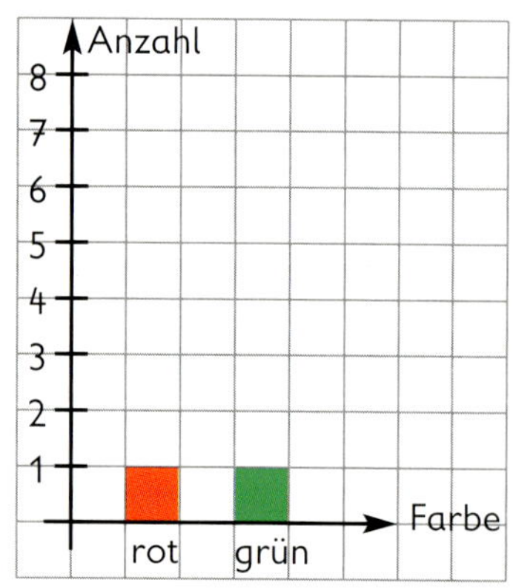

3

a) Führe von 15 Uhr bis 16 Uhr in deiner Straße eine Verkehrszählung durch. Notiere die Ergebnisse in einer Strichliste!

Fahrzeug	Fahrrad	Motorrad	Pkw	Lkw	Bus
Anzahl					

b) Stelle deine Ergebnisse in einem Streifendiagramm dar!

c) Vergleiche die Ergebnisse deiner Verkehrszählung mit den Ergebnissen deiner Mitschüler!

Daten, Häufigkeit, Wahrscheinlichkeit

1

Alle Kinder der Klasse 2c haben eine 10-Cent-Münze zweimal nacheinander hoch geworfen und jedesmal notiert, ob die Zahl oder das Wappen oben liegt.

Caroline hat alle mögliche Ergebnisse in einem **Baumdiagramm** dargestellt.

Zahl: Zahl, Wappen

Wappen: Zahl, Wappen

Was meinst du zu diesen Ausagen?

Tim	Ute	Andrea
Es kommt häufig vor, dass wenigstens einmal das Wappen oben ist.	Es kommt selten vor, dass zweimal die Zahl oben ist.	Es ist sicher, dass mindestens einmal die Zahl oben ist.

2

Unmöglich, möglich oder sicher?

a) Morgen regnet es.

b) Der 1. Mai ist ein Sonntag.

c) Eine durch 5 teilbare Zahl endet auf 0 oder 5.

d) Auf den 28. Februar folgt der 29. Februar.

e) In diesem Schuljahr springst du beim Weitsprung 4 m weit.

f) In einem Satz kommt der Buchstabe **e** häufiger vor als der Buchstabe ***a***.

g) Bei einer Lottoziehung wurde zweimal die Zahl 13 gezogen.

h) Ein Dreieck hat zwei rechte Winkel.

3 Marko will drei Steckwürfel zu einem Quader verbinden. Wie viele verschiedene Möglichkeiten hat er dafür?

4 In welchem Monat haben die meisten Kinder deiner Klasse Geburtstag?

5

Wie viele Möglichkeiten findest du, die Wörter zu lesen?

a)

U
H H
R R R

b)

B
A A
U U U
M M M M

Wiederholung und Kontrolle

1

7 · 3	4 · 9	8 · 5	6 · 7	9 · 3
3 · 7	9 · 4	5 · 8	7 · 6	3 · 9
21 : 3	36 : 9	40 : 5	42 : 7	27 : 3
21 : 7	36 : 4	40 : 8	42 : 6	27 : 9

2

7 · 2 cm	72 m : 8	5 · 10 €	25 ct : 5
9 · 6 cm	28 m : 7	7 · 1 €	32 ct : 4
0 · 3 cm	21 m : 3	8 · 2 €	42 ct : 6

0 cm 14 cm 54 cm
4 m 7 m 9 m
7 € 16 € 50 €
5 ct 7 ct 8 ct

3 Schreibe Aufgaben und löse sie!

a) E —·7→ A

E	A
5	
9	
	28
	49

b) E —·9→ A

E	A
7	
4	
	81
	45

c)

·	4	9	7	5	0	10
6						
3						
8						
2						

4

9 + 1 · 8	3 · 6 + 4	4 · 7 − 21	3 + 3 · 3
14 + 27 : 9	40 − 6 · 3	13 − 24 : 4	10 + 14 : 7
0 · 5 + 17	4 · 4 + 6	7 + 10 · 0	5 · 5 − 13

12 17
7 22

5 Wie spät ist es? Gib jeweils beide Uhrzeiten an!

a) 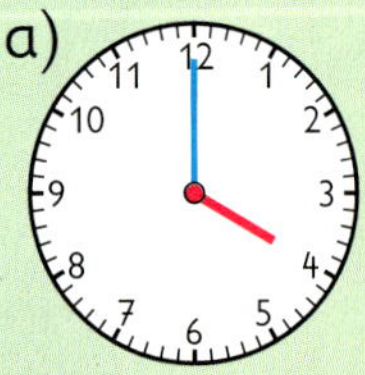
b) 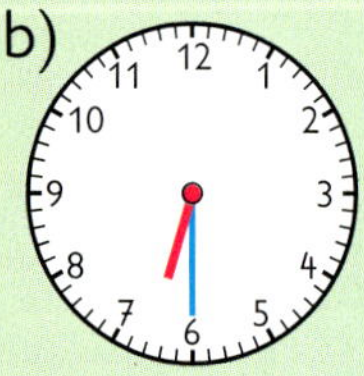
c) 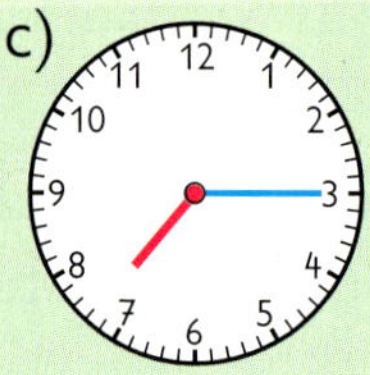
d) 
e) 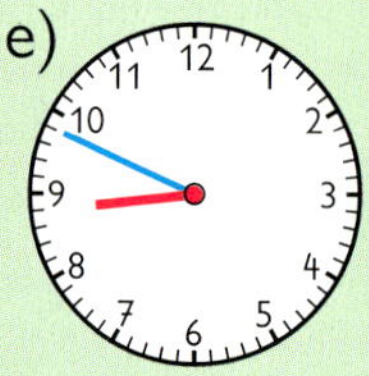

6 Auf welche Wochentage fallen in diesem Jahr

a) der 11. Mai,

b) der 21. Juni,

c) der 23. September,

d) der 22. Dezember?

7 Unmöglich, möglich oder sicher?

a) In einer Klasse sind Mädchen und Jungen.

b) Im Juli sind Ferien.

c) Ein Marienkäfer hat 7 Punkte.

d) Übermorgen wird es schneien.

8 Finde heraus, welche Figuren nicht symmetrisch sind! Begründe deine Antwort!

9 a) Übertrage die Zeichnungen auf Kästchenpapier!

b) Zeichne immer das Spiegelbild dazu!

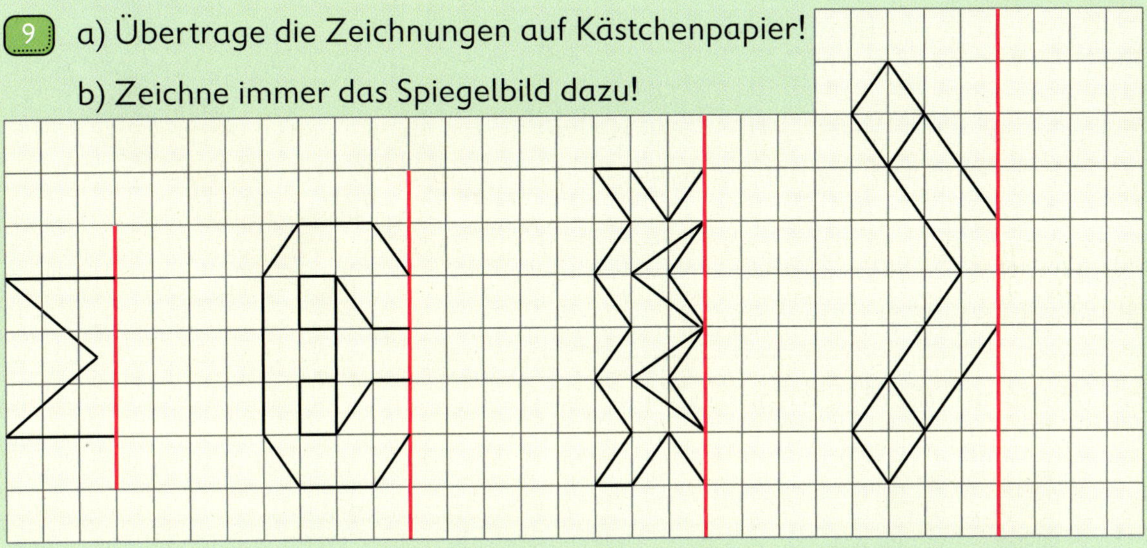

10 Baue nach! Immer drei Würfelbauten sind gleich.
Schreibe die Buchstaben auf! Bilde Wörter aus den drei Buchstaben!

Rund um die Zeit

1. Schreibe die Öffnungszeiten der Post auf!

2. Wie viele Stunden hat die Post an jedem Tag und in einer Woche insgesamt geöffnet?

3. Lies die Leerungszeiten verschiedener Briefkästen ab und vergleiche sie! Was stellst du fest?

4. Sieh dir die Poststempel von verschiedenen Briefen an! Beschreibe, was darauf ist! Vergleiche!

5. Was ist ein Eilbrief?

Rund um die Briefmarken

1. Schreibe Geldwerte auf, für die du in der Post Briefmarken kaufen kannst!

2. Stelle mit verschiedenen Briefmarken das Porto für einen normalen Brief von Berlin nach München zusammen!

3. Jutta legt in einen Brief mehrere Fotos hinein. Was muss sie beim Aufkleben von Briefmarken beachten?

4. Johannes will einen Brief per Luftpost nach New York schicken. Wie teuer könnte das Porto für diesen Brief sein?

5. Es gibt Briefe mit aufgedruckten Briefmarken. Finde heraus, welche Werte diese Briefmarken haben und wie viele solcher Briefe jeweils zu einem Set gehören!

6. Gib Beispiele dafür an, was auf Briefmarken abgebildet sein kann! Schlage selbst ein Bild für eine Briefmarke vor!

Rund um das Telefonieren

1 Welche Münzen darfst du zum Telefonieren in einer Telefonzelle benutzen?

2 Wie viele Zehn-Cent-Stücke musst du haben, um aus einer Telefonzelle anrufen zu können? Gilt das auch für das Wählen der Nummern 110 und 112?

3 Für welche Geldwerte gibt es Telefonkarten?

4 Auf einer Telefonrechnung liest Jim: „Basispreis 13,65 €." Was bedeutet das?

5 Finde heraus, zu welcher Tageszeit das Telefonieren besonders teuer und zu welcher Zeit es sehr billig ist!

Rund um den Briefumschlag

1 Nimm Briefumschläge in drei verschiedenen Größen und eine Postkarte zur Hand! Miss von allen die Länge und die Breite in Zentimetern!

2 Finde heraus, wie lang und wie breit ein Briefumschlag wenigstens sein muss, damit ihn die Post befördert! Zeichne ein solches Rechteck auf Kästchenpapier auf!

3 Falte einen Briefumschlag vorsichtig auseinander!

a) Beschreibe die Figur, die entsteht!

b) Untersuche, ob die Figur aus deckungsgleichen Teilen besteht!

4 Wie hoch wird wohl ein Stapel aus 20 Briefen sein? Schätze zuerst und prüfe es dann nach!

Würfeln und Rechnen

1 Zeichne auf ein großes Blatt mit Kästchen eine solche Spielfläche:

1	2	3	4	5	6
7	8	9	10	11	12
13	14	15	16	17	18
19	20	21	22	23	24
25	26	27	28	29	30
31	32	33	34	35	36

2 Sieh dir die Spielfläche genau an!

a) Wo stehen ungerade Zahlen?

b) Welche gemeinsame Eigenschaft haben die Zahlen, die unter der 6 stehen?

c) Wie kann man aus der ersten Zahl einer anderen Spalte die Zahlen erhalten, die darunter stehen?

d) Klaus findet heraus, dass 7 + 13 = 1 + 19 und 8 + 14 = 2 + 20 ist. Findest du dafür noch mehr Beispiele?

e) Suche nach weiteren Eigenschaften unserer Spielfläche!

3

Spiel mit zweistelligen Zahlen

Es wird mit 2 Würfeln gespielt. Jeder Spieler hat 10 Spielsteine.
Aus den gewürfelten Augenzahlen werden zweistellige Zahlen gebildet.

Beispiele:

Auf die Felder 12 und 21 darf je ein Spielstein gesetzt werden.

Ein Spielstein wird auf das Feld 35 gesetzt.
Für 53 ist kein Spielfeld vorhanden.

Für 56 und für 65 sind keine Spielfelder vorhanden.
Der nächste Spieler darf würfeln.

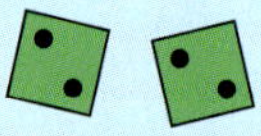

Ein Spielstein wird auf das Feld 22 gesetzt. Als „Belohnung" für den besonderen Wurf darf ein zweiter Spielstein auf das Feld 2 gesetzt werden.

Auf jedem Feld dürfen mehrere Spielsteine stehen.
Wer zuerst keinen Spielstein mehr hat, hat gewonnen.

a) Lege dir eine solche Tabelle an:

Spiel	1	2	3	4	5	6	7	8	9	10	11	12	…	32	33	34	35	36
1.																		

b) Schreibe nach jedem Spiel auf, wie viele Spielsteine auf jedem Feld stehen! Vergleiche und erläutere die Ergebnisse!

4 Spiel mit Malaufgaben

Es wird mit 2 Würfeln gespielt. Jeder Spieler hat 10 Spielsteine.

Beispiele:  $2 \cdot 3 = 6$  $6 \cdot 6 = 36$

Ist das Ergebnisfeld bereits besetzt, so darfst du den darauf stehenden Spielstein herunternehmen. Ist das Ergebnisfeld leer, so musst du einen deiner Spielsteine auf dieses Feld setzen. Wer zuerst keinen Spielstein mehr hat, hat verloren.

Diese Fragen beantworte nach dem Spielen:

a) War beim Spielen jedes Feld wenigstens einmal besetzt? Warum nicht?

b) Gibt es Felder, die sehr oft besetzt waren? Finde heraus, warum das so ist!

5 Schnellrechner

Gespielt wird mit zwei Würfeln. Jeder Spieler hat 8 Spielsteine. Alle 16 Spielsteine haben die gleiche Farbe. Nach dem Würfeln muss jeder Spieler mehrere Aufgaben bilden und lösen.

Beispiele:

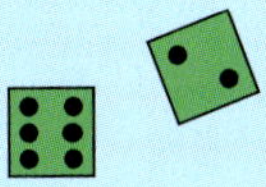

$6 + 2 = 8$
$6 \cdot 2 = 12$
$6 - 2 = 4$
$6 : 2 = 3$

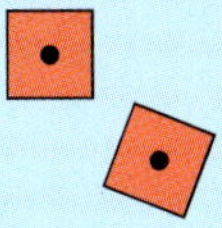

$1 + 1 = 2$
$1 \cdot 1 = 1$
$1 - 1 = 0$
$1 : 1 = 1$

$5 + 3 = 8$
$5 \cdot 3 = 15$
$5 - 3 = 2$
$5 : 3$ nicht lösbar

Sind die Ergebnisfelder bereits besetzt, so musst du die darauf stehenden Spielsteine herunternehmen. Sonst darft du einen Spielstein auf ein Ergebnisfeld setzen. Wer zuerst keinen Spielstein mehr hat, hat gewonnen.

Diese Fragen beantworte nach dem Spielen:

a) Welche Felder waren beim Spielen niemals besetzt? Weshalb nicht?

b) Gibt es Würfe, die besser sind als andere? Sprich darüber!

Bandornamente

1 a) Auf den Bildern siehst du verschiedene Muster.
Wir nennen sie **Bandornamente**. Beschreibe sie!

b) Finde in deiner Umwelt weitere Beispiele für Bandornamente!

2 a) Lege mit Teilen des Legematerials diese Bandornamente nach!

b) Erfinde selbst Bandornamente!

3 Zeichne diese Bandornamente in dein Heft und setze sie fort!

Bandornamente, Mobiles

4 Sind diese Muster auch Bandornamente? Begründe!

5 a) Beschreibe, wie das Bandornament entstanden sein kann! Übertrage es in dein Heft!

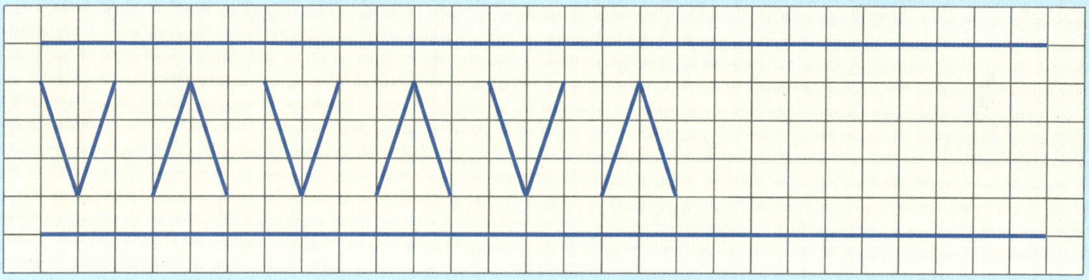

b) Zeichne mit den Buchstaben T, L, N und Z jeweils ein ebensolches Bandornament!

6 Das sind **Mobiles**. Beschreibe sie!

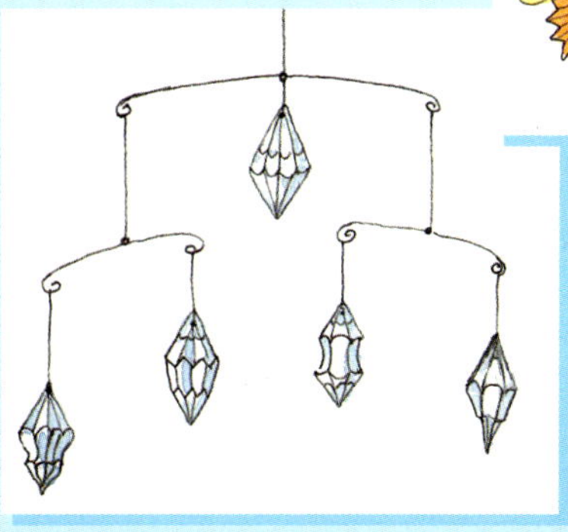

7 Fertige selbst ein Mobile an!

Übersicht zur Geometrie

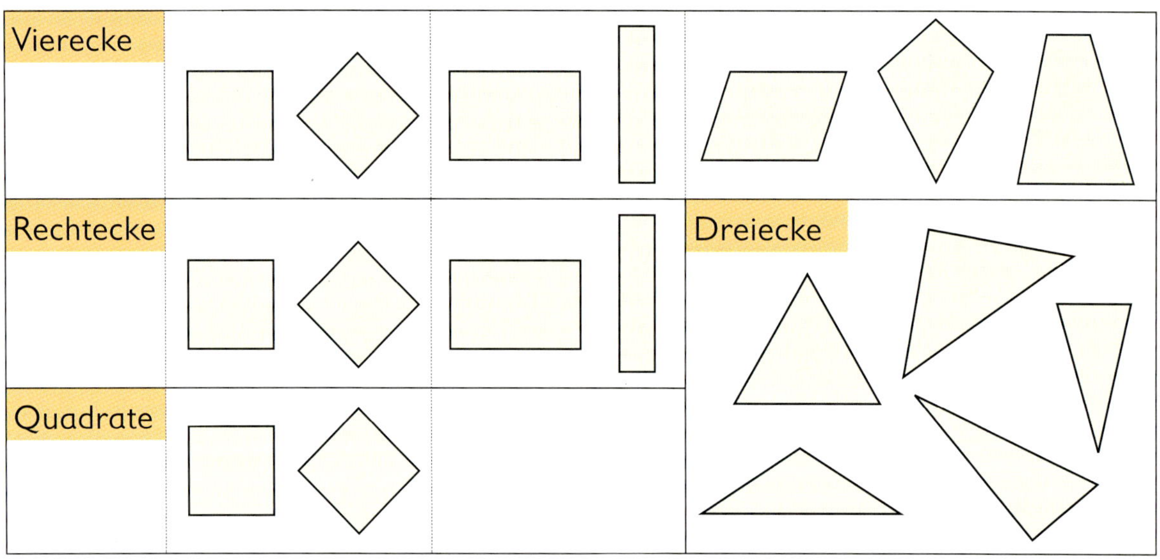

Punkt *P*

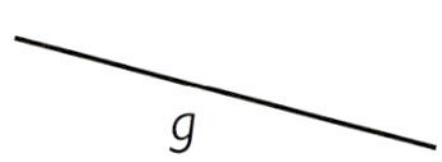

Gerade *g*

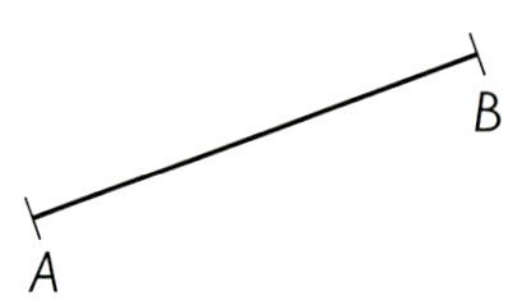

Strecke $\overline{AB}$

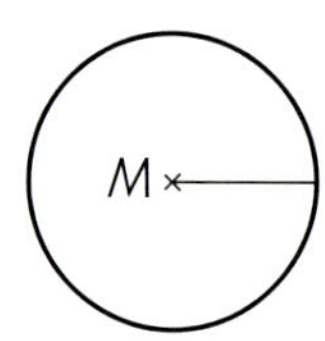

Kreis um den Mittelpunkt *M* mit dem Radius 1 cm

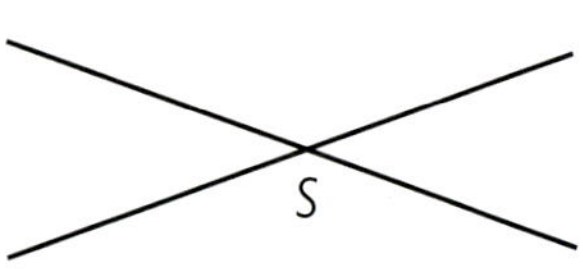

einander im Punkt S schneidende Geraden

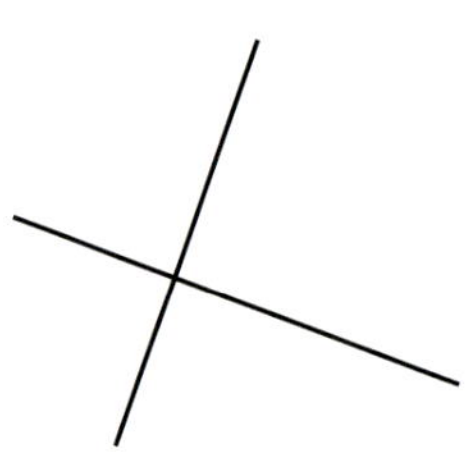

zueinander senkrechte Geraden bilden vier rechte Winkel miteinander.

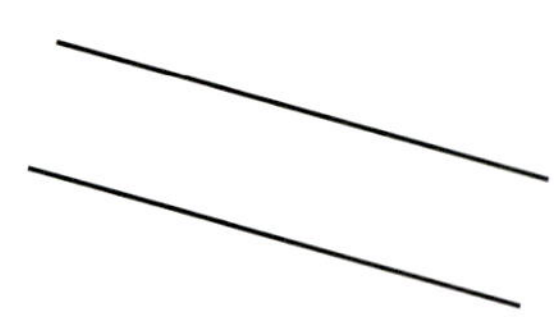

zueinander parallele Geraden

Übersicht zu den Rechenoperationen

Addition

Summand		Summand		
15	+	8	=	23
Summe				Summe

15 + 8 = 23

15 + 8 ist eine Summe.

15 und 8 sind die Summanden.

Die Summe von 15 und 8 ist 23.

Subtraktion

Minuend		Subtrahend		
23	−	8	=	15
Differenz				Differenz

23 − 8 = 15

23 − 8 ist eine Differenz.

23 ist ein Minuend,

8 ist ein Subtrahend.

Die Differenz von 23 und 8 ist 15.

Aufgabenfamilien zum Addieren und Subtrahieren:

15 + 8 = 23 8 + 15 = 23

23 − 8 = 15 23 − 15 = 8

Multiplikation

Faktor		Faktor		
4	·	8	=	32
Produkt				Produkt

4 · 8 = 32

4 · 8 ist ein Produkt.

4 und 8 sind Faktoren.

Das Produkt von 4 und 8 ist 32.

Division

Dividend		Divisor		
32	:	8	=	4
Quotient				Quotient

32 : 8 = 4

32 : 8 ist ein Quotient.

32 ist ein Dividend,

8 ist ein Divisor.

Der Quotient aus 32 und 8 ist 4.

Aufgabenfamilien zum Multiplizieren und Dividieren:

4 · 8 = 32 8 · 4 = 32

32 : 8 = 4 32 : 4 = 8

Dieses Lehrbuch gehört zur Reihe „ICH RECHNE MIT!“
Das Buch wird ergänzt durch:
Arbeitsheft (mit oder ohne CD-ROM) „ICH RECHNE MIT!“ – Klasse 2 und
Übungsheft „ICH RECHNE MIT!“ – Klasse 2.
Methodische Hinweise für den Einsatz dieses Buches sind in den
Handreichungen für den Unterricht – Klasse 2, enthalten.
Jedem Buch liegen Arbeitsmaterialien aus Karton bei.
Diese können auch gesondert vom Verlag bezogen werden.

Redaktion: Susanne Lisner

Illustration: Sybille Storch, Susann Hesselbarth
Layoutkonzept: Wladimir Perlin
Layout: Marion Röhr

Bildnachweis:
Sebastian Banse (S. 8, 15, 66); Volker Döring (S. 48, 67, 90, 91, 120);
Helga Golz (S. 36, 61, 63, 82); Eckhart Grimmberger (S. 106); Klaus Fischer (S. 37);
Gundula Friese (S. 4, 34, 35, 44, 66, 75, 76, 80, 81, 86, 94, 121, 124, 125);
Helga Lade Fotoagentur (S. 33, 57, 59); Horst Theuerkauf (S. 64).

www.vwv.de http://www.vwv.de

1. Auflage Druck 4 3 2 1 Jahr 07 06 05 04

Druck: Universitätsdruckerei H. Stürtz, Würzburg

ISBN 3-06-000278-9

Bestellnummer 278

Gedruckt auf säurefreiem Papier,
umweltschonend hergestellt aus chlorfrei gebleichten Faserstoffen.

0 · 2 = 0	2 · 0 = 0
1 · 2 = 2	2 · 1 = 2
2 · 2 = 4	2 · 2 = 4
3 · 2 = 6	2 · 3 = 6
4 · 2 = 8	2 · 4 = 8
5 · 2 = 10	2 · 5 = 10
6 · 2 = 12	2 · 6 = 12
7 · 2 = 14	2 · 7 = 14
8 · 2 = 16	2 · 8 = 16
9 · 2 = 18	2 · 9 = 18
10 · 2 = 20	2 · 10 = 20

0 : 2 = 0	——
2 : 2 = 1	2 : 1 = 2
4 : 2 = 2	4 : 2 = 2
6 : 2 = 3	6 : 3 = 2
8 : 2 = 4	8 : 4 = 2
10 : 2 = 5	10 : 5 = 2
12 : 2 = 6	12 : 6 = 2
14 : 2 = 7	14 : 7 = 2
16 : 2 = 8	16 : 8 = 2
18 : 2 = 9	18 : 9 = 2
20 : 2 = 10	20 : 10 = 2

0 · 3 = 0	3 · 0 = 0
1 · 3 = 3	3 · 1 = 3
2 · 3 = 6	3 · 2 = 6
3 · 3 = 9	3 · 3 = 9
4 · 3 = 12	3 · 4 = 12
5 · 3 = 15	3 · 5 = 15
6 · 3 = 18	3 · 6 = 18
7 · 3 = 21	3 · 7 = 21
8 · 3 = 24	3 · 8 = 24
9 · 3 = 27	3 · 9 = 27
10 · 3 = 30	3 · 10 = 30

0 : 3 = 0	——
3 : 3 = 1	3 : 1 = 3
6 : 3 = 2	6 : 2 = 3
9 : 3 = 3	9 : 3 = 3
12 : 3 = 4	12 : 4 = 3
15 : 3 = 5	15 : 5 = 3
18 : 3 = 6	18 : 6 = 3
21 : 3 = 7	21 : 7 = 3
24 : 3 = 8	24 : 8 = 3
27 : 3 = 9	27 : 9 = 3
30 : 3 = 10	30 : 10 = 3

0 · 4 = 0	4 · 0 = 0
1 · 4 = 4	4 · 1 = 4
2 · 4 = 8	4 · 2 = 8
3 · 4 = 12	4 · 3 = 12
4 · 4 = 16	4 · 4 = 16
5 · 4 = 20	4 · 5 = 20
6 · 4 = 24	4 · 6 = 24
7 · 4 = 28	4 · 7 = 28
8 · 4 = 32	4 · 8 = 32
9 · 4 = 36	4 · 9 = 36
10 · 4 = 40	4 · 10 = 40

0 : 4 = 0	——
4 : 4 = 1	4 : 1 = 4
8 : 4 = 2	8 : 2 = 4
12 : 4 = 3	12 : 3 = 4
16 : 4 = 4	16 : 4 = 4
20 : 4 = 5	20 : 5 = 4
24 : 4 = 6	24 : 6 = 4
28 : 4 = 7	28 : 7 = 4
32 : 4 = 8	32 : 8 = 4
36 : 4 = 9	36 : 9 = 4
40 : 4 = 10	40 : 10 = 4

0 · 5 = 0	5 · 0 = 0
1 · 5 = 5	5 · 1 = 5
2 · 5 = 10	5 · 2 = 10
3 · 5 = 15	5 · 3 = 15
4 · 5 = 20	5 · 4 = 20
5 · 5 = 25	5 · 5 = 25
6 · 5 = 30	5 · 6 = 30
7 · 5 = 35	5 · 7 = 35
8 · 5 = 40	5 · 8 = 40
9 · 5 = 45	5 · 9 = 45
10 · 5 = 50	5 · 10 = 50

0 : 5 = 0	——
5 : 5 = 1	5 : 1 = 5
10 : 5 = 2	10 : 2 = 5
15 : 5 = 3	15 : 3 = 5
20 : 5 = 4	20 : 4 = 5
25 : 5 = 5	25 : 5 = 5
30 : 5 = 6	30 : 6 = 5
35 : 5 = 7	35 : 7 = 5
40 : 5 = 8	40 : 8 = 5
45 : 5 = 9	45 : 9 = 5
50 : 5 = 10	50 : 10 = 5

0 · 6 = 0	6 · 0 = 0
1 · 6 = 6	6 · 1 = 6
2 · 6 = 12	6 · 2 = 12
3 · 6 = 18	6 · 3 = 18
4 · 6 = 24	6 · 4 = 24
5 · 6 = 30	6 · 5 = 30
6 · 6 = 36	6 · 6 = 36
7 · 6 = 42	6 · 7 = 42
8 · 6 = 48	6 · 8 = 48
9 · 6 = 54	6 · 9 = 54
10 · 6 = 60	6 · 10 = 60

0 : 6 = 0	——
6 : 6 = 1	6 : 1 = 6
12 : 6 = 2	12 : 2 = 6
18 : 6 = 3	18 : 3 = 6
24 : 6 = 4	24 : 4 = 6
30 : 6 = 5	30 : 5 = 6
36 : 6 = 6	36 : 6 = 6
42 : 6 = 7	42 : 7 = 6
48 : 6 = 8	48 : 8 = 6
54 : 6 = 9	54 : 9 = 6
60 : 6 = 10	60 : 10 = 6

0 · 7 = 0	7 · 0 = 0
1 · 7 = 7	7 · 1 = 7
2 · 7 = 14	7 · 2 = 14
3 · 7 = 21	7 · 3 = 21
4 · 7 = 28	7 · 4 = 28
5 · 7 = 35	7 · 5 = 35
6 · 7 = 42	7 · 6 = 42
7 · 7 = 49	7 · 7 = 49
8 · 7 = 56	7 · 8 = 56
9 · 7 = 63	7 · 9 = 63
10 · 7 = 70	7 · 10 = 70

0 : 7 = 0	——
7 : 7 = 1	7 : 1 = 7
14 : 7 = 2	14 : 2 = 7
21 : 7 = 3	21 : 3 = 7
28 : 7 = 4	28 : 4 = 7
35 : 7 = 5	35 : 5 = 7
42 : 7 = 6	42 : 6 = 7
49 : 7 = 7	49 : 7 = 7
56 : 7 = 8	56 : 8 = 7
63 : 7 = 9	63 : 9 = 7
70 : 7 = 10	70 : 10 = 7